贵州省科学技术基金项目（黔科合 J 字〔2015〕2130 号）资助
普通高等院校材料类"十三五"规划教材

功能材料的制备与性能表征

主　编　李远勋　季　甲

副主编　侯银玲　张　杨

西南交通大学出版社
·成　都·

图书在版编目（CIP）数据

功能材料的制备与性能表征 / 李远勋，季甲主编
. 一成都：西南交通大学出版社，2018.9
ISBN 978-7-5643-6427-4

Ⅰ. ①功… Ⅱ. ①李… ②季… Ⅲ. ①功能材料－材料制备－教材②功能材料－性能－教材 Ⅳ. ①TB34

中国版本图书馆 CIP 数据核字（2018）第 213364 号

功能材料的制备与性能表征

主　编 / 李远勋　季 甲　　　　　责任编辑 / 张少华
　　　　　　　　　　　　　　　　封面设计 / 墨创文化

西南交通大学出版社出版发行
（四川省成都市二环路北一段 111 号西南交通大学创新大厦 21 楼　610031）
发行部电话：028-87600564　028-87600533
网址：http://www.xnjdcbs.com
印刷：成都中永印务有限责任公司

成品尺寸　185 mm×260 mm
印张　10.5　　字数　300 千
版次　2018 年 9 月第 1 版　　印次　2018 年 9 月第 1 次

书号　ISBN 978-7-5643-6427-4
定价　30.00 元

前　言

新材料是当下高科技的先导、支柱和推动力，而功能材料又是新材料领域的核心。功能材料在信息技术、能源技术、生物技术等高技术领域和国防建设中占据着重要的基础地位，是这些领域和建设发展的先决条件，也是改造和提升国家基础工业及传统产业的基础和保障，直接关系到资源、环境、社会的可持续发展。功能材料是一类具有特定的电、光、热、磁、化学、生物等优良功能或功能间能够相互转换的新型材料的统称。功能材料种类繁多，日新月异，发展迅速，时代性强，因而对功能材料的研究一定要紧跟前沿。

本书共分为两大部分，第一部分是功能材料的制备，包括 21 个实验，涵盖了功能陶瓷、功能薄膜、功能粉体等形态；主要包括了电功能（压电、导电、铁电、热电、光电、电致变色）材料，光功能（红外辐射、上转换发光、绿色荧光、激光）材料，敏感（压敏、热敏、气敏）材料，稀磁材料，能源材料，催化材料，生物材料，新型金属配合物，新型表面活性剂等功能材料的制备与合成；制备方法主要涉及水（溶剂）热法、溶胶-凝胶法、沉淀法等实验室常用且基础的功能材料合成操作。第二部分为功能材料的性能表征，包括 11 个实验，涵盖了表面光电压、方块电阻、比表面积、阻温特性、压电、铁电、磁性、电致变色、光催化、荧光、光学非线性 11 种性能的测试操作。

材料类专业要求学生既要有深厚扎实的基础理论知识，又要具备很好的实验操作、动手和研究能力，因此实验教学环节不容忽视。本书在保留部分功能材料经典实验项目注重传承的基础上大胆更新，有相当数量的制备实验采用了近十年甚至近五年的研究成果，着重扩展学生视野，增强科技导向，努力做到与时俱进。同时在材料制备方面本书摒弃了高精尖的大多数高校不具备的极端设备和仪器，增强了本书的适用性和实验的可操作性，最大程度上让学生得到锻炼，提高动手能力。本书还采用了 X 射线衍射仪、扫描电子显微镜、紫外-可见分光光度计、光电压谱仪、荧光光度计、比表面仪、RST 系列电化学工作站等多种大型精密仪器对功能材料的相关性能进行表征，培养学生的综合分析和应用能力。本书内容丰富、涉及面广、实用性强，每个实验均配有注意事项和思考题，以帮助学习者巩固重点。

本书可供全国高等院校及职业技术院校材料类及相关学科专业师生选用，使用时可根据院校自身情况选择合适的实验项目。

本书由李远勋、季甲担任主编，侯银玲、张杨担任副主编，全书由李远勋统稿。周仁迪、常飞、李雪莲、吴林冬、周志、李荡、董玮等老师对本书的编写也提供了很大帮助，贵州省科学技术基金项目（黔科合 J 字〔2015〕2130 号）对本书的顺利出版给予了大力支持，在此一并表示衷心的感谢！此外，作者在编写过程中参考了大量相关文献，由于本书篇幅所限，无法在书中一一注明，在此向这些作者表示最真挚的感谢！

鉴于编者水平和时间所限，书中难免存在不妥之处，希望使用本书的老师、同学及其他读者及时给我们提出宝贵意见，利于进一步提高、修改和完善，也可避免再版时犯同类错误。

编　者

2018 年 6 月

目 录

第一部分 功能材料的制备

第二部分 功能材料的性能表征

第一部分

功能材料的制备

实验一　水热法制备无铅压电 BCZT 陶瓷

【实验导读】

压电陶瓷是一种能够实现机械能与电能间相互转换的功能材料，目前大量使用的是铅基压电陶瓷，主要是锆钛酸铅系（PZT）含铅的固溶体 Pb（Zr、Ti）O_3。PZT 压电陶瓷内含众多随机排列的电畴，这些随机取向的电畴在高压极化后会随所加电场方向取向排列，并在电场撤销后保持正、负极分离的状态。当在极化后的压电陶瓷两端施加交变电场时，PZT 陶瓷会产生高频的机械振动，从而实现电能向机械能的转化。铅基压电陶瓷，尤其是具有准同型相界（MPB）的 PZT 陶瓷凭借自身优良的压电性能和高度的稳定性而广泛地应用于换能器、传感器、压电驱动器等领域。

尽管 PZT 系压电陶瓷的性能优异，但此类陶瓷材料中氧化铅的含量最高可达 70% 以上，众所周知，氧化铅毒性较高且高温下容易挥发，导致在陶瓷的烧结过程中会产生严重的污染并威胁人体健康，尤其是人体的肾脏和肝脏等器官，PZT 制备的器件需要被回收处理后才能再度利用，因此，研究开发性能优异的无铅压电陶瓷具有重要的现实意义。

无铅压电陶瓷主要有 $BaTiO_3$、$Bi_{0.5}Na_{0.5}TiO_3$（BNT）及（Na，K）NbO_3（KNN）3 种体系。$BaTiO_3$ 的压电常数（d_{33} = 190 pC/N）和居里温度（T_C = 120 ℃）均比较低，而 BNT 和 KNN 陶瓷含有 Bi_2O_3、Na_2O、K_2O 等易挥发成分，在制备烧结过程中温度达到 900 ℃ 左右便开始挥发，结果使得陶瓷的致密度较低，因此无铅压电材料的研究陷入困境。直到 2009 年，科学家发现 Ba（$Ti_{0.8}Zr_{0.2}$）O_3 –（$Ba_{0.7}Ca_{0.3}$）TiO_3 陶瓷具有较高压电常数（d_{33} = 620 pC/N）、高介电常数（ε = 8 000 ~ 16 000）、低介电损耗（$\tan\delta \leqslant 0.005$）、耐疲劳、稳定性高等特点，呈现出与 PZT 5H 不相上下的优异的压电性能，掀起了无铅压电陶瓷的研究热潮。不断地研究和探索，人们发现了锆钛酸钡钙（$Ba_{1-x}Ca_xZr_yTi_{1-y}O_3$）陶瓷（以下简称 BCZT），BCZT 属于钙钛矿（ABO_3 型）结构，A 位为 Ba^{2+} 与 Ca^{2+}，B 位为 Zr^{4+} 和 Ti^{4+}，其铁电性是由于 Ti 离子在氧八面体中心产生电偶极矩的结果。BCZT 陶瓷由于其优异的压电、热释电以及电学性能，在换能器、红外探测器、制动器、微位移器、过滤器等领域有着广阔的应用前景。

一、实验目的

（1）熟悉 BCZT 陶瓷的组成、结构及性能特点；
（2）掌握无铅压电 BCZT 陶瓷的水热制备法；
（3）了解无铅压电陶瓷的种类及应用。

二、实验原理

使用传统的固相反应法制备 BCZT 陶瓷，陶瓷制备工艺中的煅烧温度和烧结温度都很高（分别为 1 350 ℃ 和 1 500 ℃），导致 BCZT 陶瓷制备困难，陶瓷的均匀性、工艺稳定性不佳，影响其工业化应用。为了解决这一困难，有必要研究活性前驱体制备工艺，以降低陶瓷的煅烧和烧结温度。

通过水热反应法制备 $Ba_{0.85}Ca_{0.15}Zr_{0.1}Ti_{0.9}O_3$ 纳米活性粉体，该组成位于三相临界点准同型相界（TCP MPB）附近，具有优异的电学性能。再以 BCZT 活性粉体前驱体为原料，通过低温烧结制备 BCZT 陶瓷。水热法工艺可以直接获得钙钛矿结构的 BCZT 活性粉体，与固相反应法制备 BCZT 陶瓷相比，不仅省略了传统的陶瓷制备工艺中的煅烧过程，而且极大地降低了 BCZT 陶瓷的烧结温度，简化了陶瓷工艺过程、节约了能耗，制备的 BCZT 陶瓷具有与固相法工艺相当甚至更加优良的电学性能。

三、实验仪器与试剂

1. 仪　器

（1）马弗炉（～1 500 ℃）；

（2）聚四氟乙烯高压反应釜（100 mL）；

（3）干燥箱（～300 ℃）；

（4）电子天平（0.001 g）；

（5）电热板或加热套；

（6）陶瓷压片机（～50 MPa）；

（7）离心机；

（8）超声波清洗器。

2. 试　剂

（1）二水氯化钡（$BaCl_2 \cdot 2H_2O$），分析纯。

（2）氯化钙（$CaCl_2$），分析纯，使用前应于 105 ℃±5 ℃ 干燥恒重后，置于干燥器中保存。

（3）八水氧氯化锆（$ZrOCl_2 \cdot 8H_2O$），分析纯。

（4）氯化钛（$TiCl_4$），分析纯，密封保存。

（5）聚乙烯醇胶粘剂（PVA）。

（6）蒸馏水，自制。

四、实验步骤

1. 称　量

按照化学式 $Ba_{0.85}Ca_{0.15}Zr_{0.1}Ti_{0.9}O_3$ 的化学计量比用电子天平分别称取 13.84 g $BaCl_2 \cdot 2H_2O$、1.11 g $CaCl_2$、2.15 g $ZrOCl_2 \cdot 8H_2O$ 和 11.38 g $TiCl_4$。

2. 溶　解

将准确称量好的 $BaCl_2 \cdot 2H_2O$、$CaCl_2$ 和 $ZrOCl_2 \cdot 8H_2O$ 加入蒸馏水中，超声振荡充分溶解，形成透明溶液 A。

3. 混　合

将称量好的 $TiCl_4$ 逐滴（1～2 滴/s）加入到 A 液中，充分搅拌混合均匀。

4. 装　釜

将混合物转入高压水热反应釜中，加入蒸馏水，至反应釜容积的 60%，随后加入 NaOH，控制 NaOH 的浓度为 16 mol/L。

5. 水热反应

将正确密封好的水热反应釜放入量程为 300 ℃ 的烘箱中，从室温开始升温至 200 ℃，并在 200 ℃ 下保温 24 h，使之充分进行水热反应，反应结束后随炉冷却至室温，开釜。

6. 洗涤、干燥

将开釜后得到的反应产物离心分离、并用超声波清洗器加入蒸馏水洗涤，重复多次离心、洗涤的操作，直至体系的 pH = 7（pH 试纸检验），之后在 80 ℃ 恒温中干燥研细得到 BCZT 粉体。

7. 造　粒

先将 PVA（聚乙烯醇）加入蒸馏水中置于电热板上加热溶解，之后在已干燥的 BCZT 粉体加入 3%～5% 的 PVA 水溶液，在高于 PVA 熔点时可以流动润湿 BCZT 颗粒表面并形成吸附层，起黏结作用。

8. 成　型

将造粒好的 BCZT 粉体在 80 MPa 的压强下冷压成型，保压 3～5 min，得到直径为 10 mm 的圆柱状 BCZT 陶瓷坯体。

9. 烧　结

在程序升温炉（马弗炉）中从室温以 10 ℃/min 的速率升至 1 320 ℃，并在此温度下保温 12 h，得到 BCZT 陶瓷。

五、结果与讨论

1. 数据记录与分析

各小组同学可选择设计在不同烧结温度和保温时间下制备 BCZT 压电陶瓷，对比分析其各项性能参数并记录到表 1.1 中。

表 1.1　不同烧结温度、不同保温时间下 BCZT 性能参数

烧结温度	晶粒尺寸	致密度	保温时间	晶粒尺寸	致密度
1 260 °C			6 h		
1 320 °C			10 h		
1 380 °C			14 h		

2. X 射线衍射（XRD）表征结构（见图 1.1）

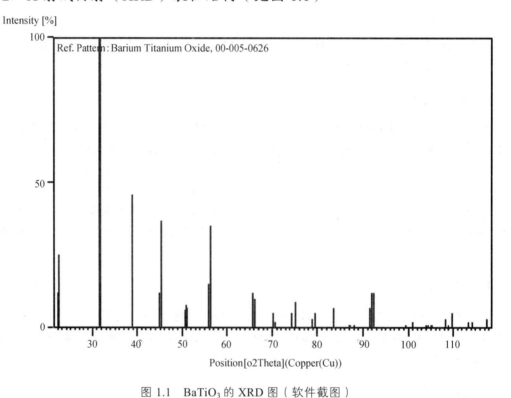

图 1.1　BaTiO$_3$ 的 XRD 图（软件截图）

3. 扫描电镜（SEM）表征形貌（见图 1.2）

4. 注意事项

（1）高压反应釜的使用：装液后安装拧紧螺母时，必须对角对称，多次逐步加力拧紧，用力均匀，不允许釜盖向某侧倾斜，才能达到良好的密封效果，避免安全隐患；每次操作完毕用清洗液清除釜体及密封面的残留物，并于干燥箱中烘干，防止锈蚀。

图 1.2 $Ba_{0.85}Ca_{0.15}Zr_{0.1}Ti_{0.9}O_3$ 的 SEM 图

（2）$TiCl_4$ 为高毒、具强腐蚀性、强刺激性（酸味）的液体，在空气中发烟，受热或遇水分解放出 HCl 腐蚀性烟气，所以在使用过程中必须佩戴口罩和橡胶手套，做好防护。

（3）PVA 在冷水中不溶，需加热到 90 ℃ 才能溶解。

（4）成型模具的使用：使用前必须将各部件擦拭干净，放压片时必须严格垂直放入，若倾斜则会影响压片与粉末的接触，甚至使压片卡在装样腔中，无法压制成型，严重时会使模具损坏报废。

5. 思考题

（1）烧结温度如何影响 BCZT 压电陶瓷的相组成？

（2）烧结温度和保温时间如何影响 BCZT 压电陶瓷的致密度？

（3）查阅相关文献，试说明进一步提升 BCZT 陶瓷压电性能的途径有哪些？

六、参考文献

[1] 卢晓羽，方必军，姜彦，等. BCZT 无铅压电陶瓷的水热法制备及其性能[J]. 硅酸盐学报，2017，45（9）：1 280 ~ 1 287.

[2] 王晨，董磊，彭伟，等. 无铅压电陶瓷的最新研究进展[J]. 中国陶瓷，2017，53（11）：1-4.

[3] 周志勇，陈涛，董显林. 超高居里温度钙钛矿层状结构压电陶瓷研究进展[J]. 无机材料学报，2018，33（3）：251-257.

[4] 杨琳，邓红，陈云婧. 锆钛酸钡钙（BCZT）基无铅压电陶瓷的研究现状[J]. 陶瓷学报，2016，37（3）：230-234.

[5] 张静，郑德一，程程，等. Y_2O_3 掺杂对 BCZT 无铅压电陶瓷性能影响[J]. 电子元件与材料，2016，35（8）：11-13.

实验二　溶胶凝胶法制备钨酸盐电致变色薄膜

【实验导读】

电致变色材料是一种新颖的智能材料，它通过外加电场引起的电化学作用产生可逆的光透射和反射变化，以获得动态光学开关特性。电致变色材料由于具有工作电压低、能耗小和有记忆能力等优点，有广泛的应用前景，并且能够动态调节控制太阳光和红外辐射的透射与反射，降低建筑物能耗，是目前最有希望大量应用的智能窗材料。相较于光致变色材料、热致变色材料和压致变色材料等其他变色材料，电致变色材料的优势在于可根据用户需求，通过设计和调控电路来改变变色幅度，具有较高的主动性，近年来引起人们的广泛关注。

氧化钨（WO_3）是研究最早也是目前研究最多的无机电致变色材料，三氧化钨薄膜可以在蓝色和透明态之间相互转变。WO_3是一种拥有d^0电子结构的 n 型半导体，使其具备多方面的性能优点。WO_3存在多种变体结构，囊括了单斜、三斜、四方、立方、六方及非晶态，但各种结构中的主体框架均为〔WO_6〕八面体首尾相连。在不同晶型不同周围环境下，〔WO_6〕八面体会以倾斜、旋转等方式发生晶格畸变，伴随 W 偏离〔WO_6〕八面体中心。半径较小的一价阳离子容易渗入到〔WO_6〕八面体围成的空隙中，形成钨青铜，该一价阳离子的脱出又会使 WO_3 变回原来的结构。WO_3 与钨青铜的这种结构上的可逆转变还会伴随内部电子转移和 W 离子的变价，由此引发相应的变色反应，实现对透射光的可控调节。

WO_3 具有着色效率高、循环稳定性良好、能量消耗低、记忆效应好、颜色对比率高等优点。WO_3 可以作为电致变色材料是因为在交变电压的作用下，随着锂离子和电子反复进入和脱出晶格，其电致变色性能与晶格容纳锂离子的能力、离子和电子进出 WO_3 晶格的传输速率密切相关。锂离子的传输速率与离子扩散过程和界面反应过程有关，而锂离子的界面反应过程与三氧化钨的微观形貌有很大关系，与晶态 WO_3 薄膜相比较，非晶 WO_3 薄膜具有更大的比表面积，更有利于导电离子在薄膜内的扩散和迁移，因此表现出更优异的电致变色性能。但是，由于非晶 WO_3 薄膜制备方法及疏松结构不稳定的制约，它在响应时间、使用寿命和光谱性能上仍有明显不足，使其在实际应用中受到很大的局限，因此需要对其进行改性。

常见的 WO_3 薄膜制备方法有真空沉积、电沉积、水热合成法以及溶胶凝胶法，其中溶胶凝胶法合成过渡金属氧化物薄膜具有设备简单、成本低、适合大面积制膜的特点，而且它的反应温度低，掺杂量精确可控，溶胶中各组分化学计量比可以达到分子级的高度，不论在实验室还是在实际生产中它的研究最为广泛。本实验采用聚乙二醇（PEG）改性并通过溶胶凝胶法制备 WO_3 电致变色薄膜。

一、实验目的

（1）熟悉 WO_3 薄膜电致变色机理；
（2）掌握钨酸盐电致变色薄膜的溶胶凝胶制备方法；
（3）了解电致变色性能的测试方法。

二、实验原理

在过氧化氢的作用下，钨粉被氧化为钨酸根离子，钨酸根之间会发生缩合反应，生成多聚钨酸络合物。此络合物不稳定，易形成白色沉淀，当在溶液中加入适量的无水乙醇时，乙醇分子会与钨酸根进行络合：

$$CH_3CH_2OH + \left[O-\underset{\overset{|}{O}}{\overset{\overset{O}{\|}}{W}}-O \right]^{2-} \longrightarrow \left[O\cdots\underset{\overset{|}{O}}{\overset{\overset{O}{\|}}{W}}\cdots O \right]^{2-}$$

络合后会产生一定的位阻效应，由于乙醇的配位作用和氧化性均比 $-O^{2-}$ 弱，使得在增加配位效应的同时不会让钨酸根形成长链大分子，这样就降低了多聚钨酸络合物的生成机率，减少白色沉淀的产生，增强溶胶的稳定性。但此时钨酸仍然能够形成凝胶网络，中间产物过氧聚钨酸与乙醇的反应是控制 WO_3 溶胶稳定性的关键一步，反应时间及反应温度对其影响很大，同样的配比在不同的反应条件下可能会得到不同结构的反应产物。

三、实验仪器与材料

1. 仪 器

（1）管式加热炉（~400 ℃）；
（2）氧化铝船式陶瓷坩埚（60 mm×10 mm）；
（3）恒温提拉镀膜机（~60 ℃，100 mm/min）；
（4）酸式滴定管；
（5）电动搅拌器；
（6）恒温水浴锅；
（7）电子天平；
（8）磁力搅拌器（搅拌磁子）；
（9）离心机（转速：2 500 r/min）；
（10）铁架台；
（11）玻璃刀；

（12）保鲜膜；

（13）温度计（0～20 ℃）；

（14）循环水真空泵（抽滤装置、布氏漏斗、超滤纸）。

2. 试　剂

（1）金属钨粉；

（2）过氧化氢（质量浓度为30%）；

（3）乙酸，分析纯；

（4）无水乙醇；

（5）ITO（掺锡氧化铟）导电玻璃，方块电阻为20 Ω/口；

（6）聚乙二醇（PEG），分子量为400；

（7）丙酮；

（8）去离子水（自制）。

四、实验步骤

1. 称量、准备

用电子天平称取12 g钨粉放入250 mL洗净的烧杯中，并用铁架台将此250 mL烧杯固定于恒温水浴锅中，连接电动搅拌器。向恒温水浴锅中不断加入冰块，控制温度始终保持在0～10 ℃之间，用温度计随时测温。

2. 钨粉溶解

用100 mL量筒量取40 mL质量浓度为30%的过氧化氢溶液，通过酸式滴定管缓慢滴加入步骤1盛有钨粉的烧杯中，为防止反应的剧烈进行，控制过氧化氢的滴加速度为1～2滴/s，反应结束后得到 A 液。

3. 反　应

向 A 液中加入12 mL乙酸和44 mL无水乙醇，开启电动搅拌器开关，持续搅拌2 h，得到前驱体溶液，将此溶液在室温下静置陈化3 d后在2 000 r/min的转速下离心10 min后离心得到澄清的淡黄色溶胶 B。

4. 改　性

按溶胶 B 与PEG 400的按体积比为10∶1分别量取一定的量放入烧杯中混合，加入搅拌磁子，置于磁力搅拌器上搅拌30 min，之后用超滤纸进行抽滤，过滤掉白色沉淀物，将澄清的滤液在室温下静置12 h，制得前驱体溶胶 C，用保鲜膜密封（待镀膜用）。

5. 清　洁

将表面方块电阻20 Ω/口的掺锡氧化铟(ITO)透明导电玻璃用玻璃刀切成50 mm×20 mm

的小块，放入烧杯中依次用丙酮、无水乙醇、去离子水置于超声波清洗中振荡清洗 15 min，用无尘试纸擦干。

6. 镀 膜

将洗净的 ITO 导电玻璃垂直浸入溶胶 C 中 3 min，调节恒温提拉镀膜机的温度为 50 ℃，以 50 mm/min 的速度提拉镀膜，在 50 ℃ 条件下静置 30 min。

7. 热处理

将步骤 6 中的镀膜玻璃置于氧化铝船式陶瓷坩埚中，随后将坩埚放入管式炉中进行退火处理，从室温开始以 5 ℃/min 的升温速率升温至 300 ℃，在 300 ℃ 保温 1 h，随炉冷却后制得 PEG 改性的 WO_3 薄膜。

五、数据分析

1. X 射线衍射（XRD）表针结构（见图 2.1）

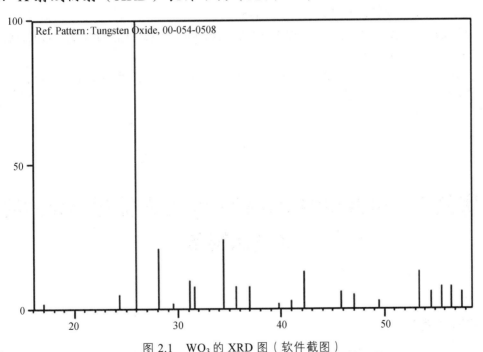

图 2.1　WO_3 的 XRD 图（软件截图）

2. 注意事项

（1）金属钨粉和过氧化氢的反应很剧烈，过氧化氢一次投入很难控制不发生沸腾；而且该氧化反应生成过氧聚钨酸的过程中会伴随产生白色沉淀副产物，这种白色沉淀是不溶于无水乙醇的，并且不具有电致变色功能。综上，制备反应过程中一定要注意三点：① 反应温度必须严格控制在 10 ℃ 以下；② 过氧化氢溶液一定是通过酸式滴定管极其缓慢地滴入钨粉中，防止剧烈反应产生大量的沉淀，得不到无色透明溶胶；③若钨粉和过氧化氢反应后仍产生白色沉淀，就需要先用超滤纸进行抽滤，有效滤除白色沉淀无用副产物后再加入乙酸和无水乙醇进行下一步的反应，而若使用普通滤纸即使经多次过滤所得溶胶仍为浑浊态，成膜后降低其透过率。

（2）本实验中制备的 WO_3 薄膜多为非晶态，其结构物相可参照同等制备和热处理条件下所得 WO_3 粉末的 XRD，如图 2.1 所示的 XRD 图对应单斜相 WO_3 的衍射峰，其他晶型未附图。

3. 思考题

（1）反应过程中加入的乙酸和无水乙醇的作用分别是什么？

（2）为提高溶胶稳定性，在与钨粉的反应中过氧化氢是否可以过量？

（3）本实验中加入 PEG400 的作用是什么，换为 PEG800 可不可以？

六、参考文献

[1] 樊小伟，徐彩云，陈子尚，等. 基于溶胶凝胶法制备 WO_3 电致变色薄膜的溶胶特性研究[J]. 玻璃与搪瓷，2017，45（2）：1-5.

[2] 路淑娟，王唱，赵博文，等. PEG 改性氧化钨薄膜的电致变色特性[J]. 无机材料学报，2017，32（2）：185-190.

[3] 方成，汪洪，施思齐. 氧化钨电致变色性能的研究进展[J]. 物理学报，2016，65（16）：168 201-1 ~ 168 201-16.

实验三　单斜相纳米片状 $BiVO_4$ 光催化半导体的水热法制备

【实验导读】

光催化材料是一种能直接将太阳能转变为化学能的功能材料。这种材料在光照下能激发产生电子-空穴对，这些电子-空穴对与周围的 O_2 和 H_2O 发生化学反应产生具有强氧化性的超氧离子（$\cdot O_2^-$）和羟基自由基（$\cdot HO$），通过氧化分解环境中的有机污染物（染料、药物等），具有积极的环保意义，应用前景广阔。

TiO_2 是半导体光催化剂的典型代表，凭借其稳定性好、安全无毒、无选择性、光催化活性高且价廉易得等特点，是目前研究和成果最多的最具应用潜力的半导体光催化剂。然而大量研究发现，TiO_2 禁带宽度（3.2 eV）较宽，理论上只能吸收低于 387 nm 波长的紫外光，对可见光无相应，光响应范围窄，太阳能利用率低，极大限制其大规模应用与发展。因而探究与合成新型的响应可见光的光催化半导体材料是光催化技术实用的重要的方向。

近年来，科学工作者设计并合成了许多复合金属氧化物作为可见光响应的新型光催化剂，例如 Bi_2WO_6、$CaIn2O4$、$AgA1O_2$、$InVO_4$、$BiVO_4$ 等，这些新型催化剂可实现有机物在可见光照下的有效分解。其中 $BiVO_4$ 的可见光响应波长可达 500 nm 以上，由于其可见光利用率高、催化降解能力强而受到广泛关注。$BiVO_4$ 结构具有同质多晶现象，主晶相为单斜白钨矿、四方锆石矿、四方白钨矿 3 种晶型，其中以单斜相（$m\text{-}BiVO_4$）白钨矿的能隙最窄（约 2.2 ~ 2.4 eV），这种很窄的禁带宽度赋予 $m\text{-}BiVO_4$ 对可见光的高效吸收性，使具有较高的可见光响应光催化活性，在光催化降解有机污染物和分解水制氢方面具有更高的应用价值。

$BiVO_4$ 的光催化性能与其物相结构、晶粒尺寸、合成方法以及颗粒形貌等紧密关联，通过一定方法控制合成形貌规则且催化活性高的 $BiVO_4$ 催化剂是近年 $BiVO_4$ 研究工作的重点。$m\text{-}BiVO_4$ 高效的光催化活性取决于其特殊的粒径大小和微观结构，这些 $m\text{-}BiVO_4$ 微观结构的可控制备已经取得一定成果，主要有球状、片状、管状、橄榄枝状等。

一、实验目的

（1）了解 $BiVO_4$ 晶体结构、性能特点及应用领域；
（2）掌握用水热法制备 $m\text{-}BiVO_4$ 光催化材料的原理和操作；
（3）熟悉 $BiVO_4$ 光催化材料的光催化原理。

二、实验原理

1. 光催化原理

$BiVO_4$ 是一种比较理想的光催化半导体材料，其被一定能量的光照射时，其价带上的电子就会被激发而跃迁到导带上，进而使 $BiVO_4$ 价带上产生空穴（h^+）和其导带上多了一个电子（e^-），即：

$$m\text{-}BiVO_4 + hv \rightarrow m\text{-}BiVO_4(e^-,\ h^+)$$

光照产生的电子、空穴有的相遇后直接复合，有的则迁移到催化剂表面同 O_2 和 H_2O 反或（OH^-）应生成具有强氧化性的超氧离子（$\cdot O_2^-$）与羟基自由基（$\cdot HO$），进而把一些有机物进行降解，即：

$$e^- + O_2 \rightarrow \cdot O_2^-$$

$$h^+ + H_2O \rightarrow \cdot HO + H^+$$

$$h^+ + OH^- \rightarrow \cdot HO$$

$$\cdot O_2^- + (有机物) \rightarrow H_2O + CO_2$$

$$\cdot HO + (有机物) \rightarrow H_2O + CO_2$$

2. BiVO₄ 的制备

目前有较多方法都可制备 $BiVO_4$ 光催化材料,典型的比如溶胶-凝胶法、化学沉淀法、高温固相法、水热法等。其中水热法较其他方法具有所得的样品且粒子尺寸小,团聚较少,结晶度和纯度高,且易操作,反应所需温度不高,结构和形貌易调等优点,还可通过添加络合剂和调节 pH 值等途径来调控其形貌,制备出不同形貌和光催化性能的 $BiVO_4$ 光催化材料。

三、实验仪器与试剂

1. 仪 器

(1)电子天平(0.001 g);

(2)磁力搅拌器;

(3)pH 计;

(4)循环水真空泵;

(5)离心机;

(6)聚四氟乙烯高压反应釜(~100 mL);

(7)干燥箱(~300 ℃);

(8)量筒、烧杯、滴管、玻璃棒、研钵。

2. 试 剂

(1)五水硝酸铋($Bi(NO_3)_3 \cdot 5H_2O$),分析纯;

(2)钒酸铵(NH_4VO_3),分析纯;

(3)硝酸(HNO_3);

(4)氢氧化钠($NaOH$),分析纯;

(5)乙二胺四乙酸(EDTA,$C_{10}H_{16}N_2O_8$),分析纯;

(6)无水乙醇(EtOH,CH_3CH_2OH),分析纯;

(7)去离子水,自制。

四、实验步骤

1. 称 量

按 $BiVO_4$ 化学计量比 $Bi^{3+} : V^{5+} = 1 : 1$ 分别用电子天平准确称量 4.851 g(0.01 mol)的 $Bi(NO_3)_3 \cdot 5H_2O$、1.170 g(0.01 mol)NH_4VO_3、16 g NaOH 和 2 g EDTA。

2．溶液的配制

（1）将称量好的 $Bi(NO_3)_3 \cdot 5H_2O$ 溶于 5 mL 的浓 HNO_3 中并加水稀释至 20 mL，磁力搅拌 10 min 待完全溶解后得到 A 液；

（2）将称量好的 NaOH 溶于 100 mL 蒸馏水中，得到 4 mol/L 的 NaOH 碱溶液 100 mL；取出其中 50 mL 再次添加 50 mL 蒸馏水将 NaOH 稀释至 2 mol/L；

（3）将称量好的 NH_4VO_3、EDTA 加入到 20 mL 步骤（2）中配制好的 4 mol/L 的 NaOH 碱液中，玻璃棒搅拌至完全溶解，得到溶液 B。

3．混　合

将溶液 B 逐滴加入磁力搅拌的 A 液中，至所有 B 液转移完成后向 A 液中滴加 2 mol/L 的 NaOH 碱液，调节体系酸碱度至 pH = 5（pH 计测量），随后继续搅拌 30 min，得 C 液。

4．水热反应

将所有 C 液倒入 100 mL 聚四氟乙烯内衬的不锈钢反应釜中，控制溶液体积为 80 mL，拧紧旋盖后将反应釜放入恒温干燥箱中从室温升温至 180 ℃，并在 180 ℃ 下保温 24 h，关闭干燥箱待冷却至室温后取出反应釜。

5．洗　涤

开釜除去上层液体，真空抽滤，先后用去离子水/无水乙醇将沉淀洗涤至中性。

6．干　燥

将步骤 5 中得到的 $BiVO_4$ 沉淀放入真空干燥箱中，设定温度为 80 ℃ 恒温干燥 4 h，玛瑙研钵研细后得到 m-$BiVO_4$ 粉体材料。

7．不同 pH 值（选做）

在保持其他条件不变前提下，分别调节其水热反应前溶液的 pH = 3.0、5.0、7.0、9.0、11.0，可获得不同形貌的 $BiVO_4$ 粉体。

五、结果与讨论

1．X 射线衍射（XRD）表征结构（见图 3.1）

2．扫描电镜（SEM）表征形貌（见图 3.2）

3．数据记录与分析

各小组还可以自行选定体系 pH = 3、5、7、9、11 中的任一值并按照实验步骤来合成 $BiVO_4$ 催化剂，对比分析 pH 对催化剂结构、形貌的影响，并将数据计入表 3.1 中。

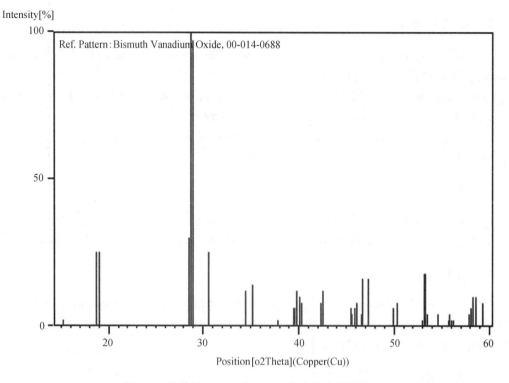

图 3.1　单斜相 BiVO$_4$ 的 XRD 图（软件截图）

图 3.2　BiVO$_4$ 的 SEM 图

表 3.1　pH 对 BiVO$_4$ 催化剂结构、形貌的影响

	pH = 3	pH = 5	pH = 7	pH = 9	pH = 11
物　相					
晶粒尺寸					
形　貌					

4. 注意事项

（1）高压反应釜的使用：装液后安装拧紧螺母时，必须对角对称，多次逐步加力拧紧，用力均匀，不允许釜盖向某侧倾斜，才能达到良好的密封效果，避免安全隐患；每次操作完毕用清洗液清除釜体及密封面的残留物，并于干燥箱中烘干，防止锈蚀。

（2）$BiVO_4$ 样品制备过程中加入的 EDTA 要适量。EDTA 是一种六原子配位螯合剂，在反应液中加入时能与 Bi^{3+} 形成 Bi-EDTA 螯合体，起到调节反应体系中 Bi^{3+} 浓度的作用，进而可控制 $BiVO_4$ 的生长速率。同时 EDTA 的加入也直接影响到 $BiVO_4$ 晶面的生长方向，会导致 $BiVO_4$ 纳米片沿（010）晶面择优生长。

（3）反应体系的酸碱度 pH 调节应适当。在酸性条件下产物中只有单斜相的 $BiVO_4$，但不同 pH 时其衍射峰强度会出现差异，影响结晶性；而在碱性条件下（pH = 11 时），产物中会出现 $Bi_2(OH)VO_4$ 杂相，原因是在高浓度 OH^- 存在时，Bi^{3+} 会首先与 OH^- 形成 $Bi(OH)_3$ 沉淀，之后与 VO_4^{3-} 结合生成 $Bi_2(OH)VO_4$。

（4）反应过程中溶液 pH 值应与螯合剂匹配。溶液 pH 会影响 EDTA 的络合能力，进而影响样品形貌。体系 pH 值较小时，EDTA 与 Bi^{3+} 的结合能力较弱，相反结晶作用会较强，此时倾向于生成数量很多而粒径很小的 $BiVO_4$ 纳米晶。EDTA 与 Bi^{3+} 的螯合能力随 pH 增大而增强，溶液中的 Bi^{3+} 浓度相对减小，降低 $BiVO_4$ 纳米片的生长速率，产物为方块状的 $BiVO_4$ 颗粒。

5. 思考题

（1）合成体系的 pH、EDTA 将如何影响 $BiVO_4$ 的结构和形貌？

（2）$BiVO_4$ 的形貌与其光催化性能是否有关联？

（3）查阅相关文献，试说明实现 $BiVO_4$ 可控合成的途径及变量有哪些？

六、参考文献

[1] 郭佳，朱毅，张渊明，等. 水热法合成 $BiVO_4$ 可见光催化剂[J]. 光谱实验室，2011，28（3）：1 480-1 482.

[2] 李丹. 可见光响应钒酸铋制备及光催化性能研究[D]. 哈尔滨：哈尔滨理工大学材料科学与工程学院，2015.

[3] 陈渊，周科朝，黄苏萍，等. $BiVO_4$ 纳米片的水热合成及可见光催化性能[J]. 中国有色金属学报，2011，21（7）：1 570-1 579.

[4] 王静，王舰，徐红波，等. 水热法合成单斜晶相 $BiVO_4$ 及其可见光催化活性研究[J]. 纳米科技，2013，10（3）：27-32.

[5] 陈颖，李慧，赵连成，等. 水热合成纳米 $BiVO_4$ 的制备及表征[J]. 材料导报，2011，25（9）：23-26.

实验四　纳米羟基磷灰石粉体的化学沉淀法制备

【实验导读】

羟基磷灰石（简称 HAP）化学式为 $Ca_{10}(PO_4)_6(OH)_2$，属于六方晶系的晶体结构，其晶胞参数为 $a = b = 0.942\ 1$ nm，$c = 0.688\ 2$ nm。HAP 是人体骨骼和牙齿的主要成分，是最常见的一种生物活性材料，与人体硬组织的无机组分相似，具有良好的吸附性、稳定性、生物活性和生物相容性，对人体无毒害。

随着纳米技术和纳米材料的兴起，对羟基磷灰石的研究也逐渐转向纳米尺度，研究发现纳米级的 HAP 与人体骨骼中的 HAP 结构更为相似，其诸多特性与晶粒尺寸紧密关联。与普通 HAP 相比，当晶粒尺寸降低到纳米量级时 HAP 具有更好的生物学性质、细胞相容性、力学性能、新骨生长诱导性、自降解速率以及药物缓释性；同时其比表面积和表面能较大表现出更高的活性，纳米 HAP 能够结合抗癌药物、核酸以及蛋白质，具有抑制癌细胞生长的功效。目前，纳米级 HAP 正被广泛地应用于药物缓释、基因载体、骨移植和骨修复术等生物医用领域。

一、实验目的

（1）熟悉 HAP 的结构及性能特征；
（2）掌握纳米级 HAP 粉体的化学沉淀制备法；
（3）了解纳米 HAP 的应用领域。

二、实验原理

目前主要以湿法来制备纳米 HAP 粉体，如溶胶-凝胶法、模拟体液法、水热合成法和化学沉淀法等。而本实验以 $Ca(NO_3)_3 \cdot 4H_2O$ 和 $(NH_4)_2HPO_4$ 为原料，采用化学沉淀法来制备纳米 HAP 粉体。将一定浓度的钙盐和磷酸盐的水溶液进行混合，持续搅拌，以氨水调节体系 pH，通过控制体系的 pH 值来控制以下化学反应：

$$10Ca(NO_3)_2 \cdot 4H_2O + 6(NH_4)_2 \cdot HPO_4 + 8NH_3 \cdot H_2O \rightarrow$$

$$Ca_{10}(PO_4)_6(OH)_2 + 20NH_4NO_3 + 46H_2O$$

实验中严格控制原料中 Ca^{2+} 和 PO_4^{3-} 的物质的量比为 $1 : 1.67$，反应产物经洗涤、过滤和干燥后得到纳米 HAP 粉体。

三、实验仪器与试剂

1. 仪 器

（1）磁力搅拌器（~600 r/min）；

（2）干燥箱（~200 ℃）；

（3）电子天平（0.001 g）；

（4）pH 计（0~14）；

（5）超声波清洗器；

（6）离心机；

（7）量筒、烧杯、滴管。

2. 试 剂

（1）四水硝酸钙[$Ca(NO_3)_3 \cdot 4H_2O$]，99.99%；

（2）磷酸氢二铵[$(NH_4)_2HPO_4$]，AR 级；

（3）氨水（$NH_3 \cdot H_2O$），物质的量浓度为 14 mol/L；

（4）无水乙醇（EtOH），AR 级；

（5）去离子水，自制。

四、实验步骤

1. 称 量

用电子天平准确称取 11.81 g 的 $Ca(NO_3)_2 \cdot 4H_2O$ 和 3.96 g 的 $(NH_4)_2HPO_4$。

2. 溶 解

（1）量取 50 mL 去离子水倒入 250 mL 烧杯中，将准确称量好的 $Ca(NO_3)_2 \cdot 4H_2O$ 加入该 250 mL 烧杯中搅拌至完全溶解，配置成 Ca^{2+} 离子浓度为 1 mol/L 的 $Ca(NO_3)_2 \cdot 4H_2O$ 水溶液，并用 $NH_3 \cdot H_2O$ 调节溶液体系的 pH = 10.5（pH 计测量），得到 A 液；

（2）量取 50 mL 去离子水倒入 100 mL 烧杯中，将准确称量好的 $(NH_4)_2HPO_4$ 加入其中，搅拌至完全溶解，配置成 PO_4^{3-} 离子浓度为 0.6 mol/L 的 $(NH_4)_2HPO_4$ 水溶液，同样用 $NH_3 \cdot H_2O$ 调节溶液体系的 pH = 10.5，得到 B 液。

3. 沉淀反应

将盛有 A 液的 250 mL 烧杯置于磁力搅拌器上，放入搅拌磁子，开动开关，调节合适的转速剧烈搅拌，并将全部的 B 液逐滴缓慢滴入 A 液中，维持反应体系 pH = 10.5 不变，持续搅拌 3 h，之后静置 12 h 使其充分沉降。

4. 洗涤、过滤

将静置沉降 12 h 后的体系除去上清液，加入去离子水、无水乙醇超声振荡搅拌，离心沉降，重复多次振荡、离心分离操作，除掉体系中的副产物（如 NH_4NO_3）及杂质，洗涤至中性经过滤后得到纯净的 HAP 沉淀。

5. 干 燥

将 HAP 沉淀于真空干燥箱中，设定温度在 80 ℃ 恒温干燥，直至所有水分蒸发，研磨后得到 HAP 粉体材料。

五、数据分析

1. X 射线衍射（XRD）表征结构（见图 4.1）

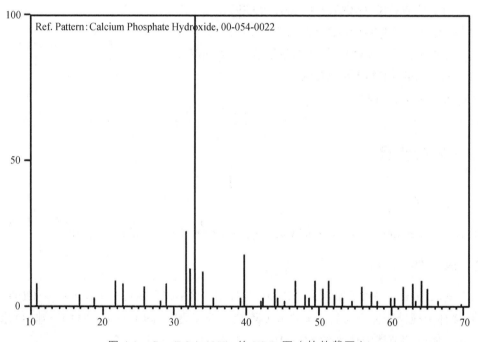

图 4.1　$Ca_{10}(PO_4)_6(OH)_2$ 的 XRD 图（软件截图）

2. 注意事项

（1）根据羟基磷灰石不同的应用，还可将 HAP 制备成缺钙型和多孔型，缺钙型的制备操作与以上化学计量比的类似，只是 $Ca(NO_3)_2 \cdot 4H_2O$ 的用量要减少，通常为化学计量型的 3/4 上下。而制备多孔型则需要在制得 HAP 粉末后加入适量的造孔剂（例如 PVA，调制为水溶液使用，1% 的质量浓度），充分搅拌混合均匀，先 80 ℃ 干燥，后置于马弗炉中在适当温度下退火数小时使造孔剂完全挥发，随炉冷后得到多孔型 HAP 粉末。

（2）在 $Ca(NO_3)_2 \cdot 4H_2O$、$(NH_4)_2HPO_4$ 及 $NH_3 \cdot H_2O$ 反应阶段一定要剧烈充分的搅拌，

可使用磁力搅拌，也可用电动搅拌，转速控制在 500 r/min 左右，目的是使沉淀反应充分进行，提高 HAP 产率。

3．思考题

（1）实验中为什么分别将 Ca(NO₃)₂·4H₂O 和 (NH₄)₂HPO₄ 配置为 1 mol/L 和 0.6 mol/L？

（2）若实验室无 (NH₄)₂HPO₄ 时，能不能采用 (NH₄)H₂PO₄ 代替反应，需注意什么？

（3）通过查阅资料，分析实验中是如何控制 HAP 为纳米尺度的？

六、参考文献

[1] 赵颜忠，杨敏，张海斌，等. 功能性纳米羟基磷灰石的制备及其表征[J]. 中国有色金属学报，2016，26（6）：1 235-1 244.

[2] 顾雪梅，安燕，杨雪艳，等. 含锶纳米羟基磷灰石的制备及性能研究[J]. 无机盐工业，2015，47（1）：30-32.

[3] 漆小鹏，李文，罗远方，等. 新型钇-羟基磷灰石骨水泥的制备及性能研究[J]. 材料导报，2017，31（7）：151-155.

[4] 官叶斌，石娟娟，王刚，等. 多孔羟基磷灰石材料的制备及表征[J]. 硅酸盐通报，2015，34：70-74.

实验五　立方形貌 ITO 导电纳米粉体的溶剂热法制备

【实验导读】

铟锡氧化物（ITO）是一种进行锡掺杂、高简并的 n-型复合半导体氧化物，较宽的能量带隙使它被拥有优异的光学和导电性能，加之其本身良好的透光性，广泛地应用于国防军事、现代信息产业和能源等高新技术领域，被认为是性能最好的透明导电氧化物（TCO）材料。

ITO 薄膜广泛应用于平板显示器的透明显示电极，同时 ITO 透明导电薄膜还具有极高的非线性光学性能，很有希望在光子学应用等领域引起新一轮的变革。通常采用磁控溅射法以 ITO 靶材作为阴极材料来制备 ITO 薄膜，ITO 靶材的性质如纯度、密度、电性能等都会很大程度影响到 ITO 薄膜的质量，而 ITO 靶材的性能又极大地受控于 ITO 粉体的形貌和尺寸。立方形貌的粉体其粒子间接触面积较大，具有较小的电阻率，而小尺寸的纳米颗粒可以具有较高的致密化驱动力，因而引起了科学家的广泛兴趣。

目前制备 ITO 粉体的方法很多，例如：采用共沉淀法，通过改变反应溶液中氨水和

PEG-6000 的比例，可以实现粉体形貌由球状到棒状的转变；采用水热法，通过改变 NaOH 和 SnCl$_4$ 的比例，也可制备出立方体形貌的 SnO$_2$ 粉体。这些方法中大多数也都是通过改变沉淀剂与分散剂的比例或者是沉淀剂与溶剂的比例来调控 ITO 粉体的形貌。

一、实验目的

（1）熟悉 ITO 导电纳米粉的结构及性能特点；
（2）掌握 ITO 导电纳米粉的溶剂热制备方法；
（3）了解 ITO 导电材料的应用领域。

二、实验原理

溶剂热法制备纳米粉体的优点是产物结晶度高、粒径小、团聚程度低，最主要的是可以实现一步制备氧化物粉体的目的，并且其制备工艺简单，因而在众多氧化物粉体的制备方法中备受青睐。本实验溶剂热法制备过程中以乙二醇为溶剂，通过改变 NaOH 的用量还可以实现对 ITO 纳米粉体形貌和粒径的调控。

三、实验仪器与试剂

1. 仪　器

（1）磁力加热搅拌器；
（2）聚四氟乙烯内衬、不锈钢高压反应釜（～100 mL）；
（3）烘箱（～300 ℃）
（4）真空恒温干燥箱；
（5）温度计（～100 ℃）；
（6）电子天平（0.001 g）；
（7）超声波清洗器；
（8）离心机。

2. 试　剂

（1）乙二醇（EG），优级纯；
（2）乙醇（EtOH），优级纯；
（3）五水氯化锡（SnCl$_4 \cdot$5H$_2$O），≥99.99%；
（4）四点五水硝酸铟（In(NO$_3$)$_3 \cdot$4.5H$_2$O），≥99.99%；
（5）氢氧化钠（NaOH），优级纯；
（6）去离子水，电阻大于 15 MΩ。

四、实验步骤

1. 溶剂的量取

按照体积比为 4 : 1 分别量取 64 mL 乙二醇和 16 mL 乙醇混合于 250 mL 烧杯中，得 A 液，置于磁力加热搅拌器上，放入搅拌磁子。

2. 称　量

分别用千分位电子天平准确称取 3.818 g（10 mmol）的 $In(NO_3)_3 \cdot 4.5H_2O$、1.909 g（5.4 mmol）的 $SnCl_4 \cdot 5H_2O$ 和 0.88 g 的 NaOH。

3. 混　合

将称好的 $In(NO_3)_3 \cdot 4.5H_2O$ 和 $SnCl_4 \cdot 5H_2O$ 加入到步骤 1 的 A 液中，设定磁力加热搅拌器温度为 65 ℃，打开加热开关，打开磁力搅拌开关，调节适当好适当的转速，等待温度上升。

4. 加 NaOH

待磁力加热搅拌器温度升到 65 ℃ 后，加入称量好的 NaOH，此时 NaOH 的浓度为 0.275 mol/L，继续搅拌至完全溶解，得到澄清的混合溶液 B。

5. 水热反应

将所有 B 液倒入 100 mL 聚四氟乙烯内衬的不锈钢反应釜中，拧紧旋盖后将反应釜放入恒温干燥箱中从室温升温至 250 ℃，并在 250 ℃ 下保温 12 h，关闭干燥箱待冷却至室温后取出反应釜。

6. 洗　涤

打开反应釜，倒出全部深蓝色沉淀，将沉淀加入到电阻大于 15 MΩ 的去离子水中超声振荡清洗 5 min，使反应中的水溶性副产物及杂质充分溶解到上层蒸馏水中，静置 10 min 后进行离心分离，倒掉上清液取沉淀，多次重复上述操作反复洗涤和分离，得到纯度较高的 ITO 粉末沉淀。

7. 干　燥

将步骤 6 中得到的 ITO 粉末沉淀放入真空干燥箱中，设定温度为 80 ℃ 恒温干燥 24 h，得到 ITO 纳米粉体材料。

五、数据分析

1. X射线衍射（XRD）表征结构（见图5.1）

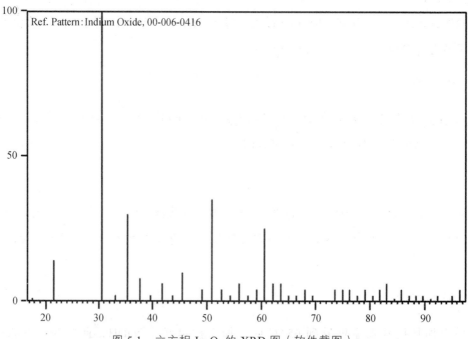

图 5.1　立方相 In_2O_3 的 XRD 图（软件截图）

2. 透射电镜（TEM）表征形貌（见图5.2）

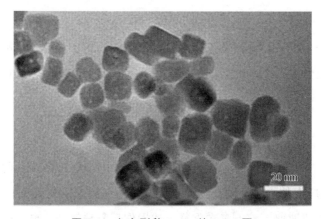

图 5.2　立方形貌 In_2O_3 的 TEM 图

3. 注意事项

（1）高压反应釜的使用：装液后安装拧紧螺母时，必须对角对称，多次逐步加力拧紧，用力均匀，不允许釜盖向某侧倾斜，才能达到良好的密封效果，避免安全隐患；每次操作完毕用清洗液清除釜体及密封面的残留物，并于干燥箱中烘干，防止锈蚀。

（2）本实验中溶剂的种类及相对比例对 ITO 粉体的形貌及其中 In_2O_3 的物相有较大影

响。当溶剂为单一乙醇时，产物全部为 InOOH，无法获得立方相的 In_2O_3（$c\text{-}In_2O_3$）。随混合溶剂中乙二醇所占体积比例的增大，产物由 InOOH 逐渐转变立方相 In_2O_3，形貌也会由团聚严重的球、棒状转变为良好分散的立方状。

（3）当溶剂 EG∶EtOH = 4∶1 时，NaOH 的浓度对产物粉体的形貌和粒径也有一定影响。由溶解-沉淀机理可知少量 NaOH 的加入时，反应体系中晶体成核慢而长大快，有利于生长为较大尺寸的立方状形貌。NaOH 添加量较大时作用则相反，此时成核快长大慢，倾向于形成不规则的小尺寸的球状或棒状形貌。

4．思考题

（1）NaOH 用量如何影响 ITO 纳米粉体形貌和粒径？

（2）该方法中的溶剂乙二醇与乙醇的不同配比是否会影响 ITO 纳米粉体的形貌、粒径甚至物相？

（3）六方型 h-ITO 与立方型 c-ITO 的性能有哪些区别？

六、参考文献

[1]　彭祥，陈玉洁，刘家祥. 溶剂热法制备立方状 ITO 粉体及其电性能[J]. 无机化学学报，2017，33（10）：1 769-1 774.

[2]　张怡青，刘家祥. 立方形貌 ITO 粉体的水热法制备及光电性能[J]. 高等学校化学学报，2017，38（7）：1 110-1 116.

[3]　张怡青，刘家祥. 共沉淀法制备六方相 ITO 纳米粉体及其光电性能[J]. 无机化学学报，2017，33（2）：249-254.

实验六　$NaYF_4$：Yb^{3+}/Er^{3+}上转换发光材料的水热法制备

【实验导读】

上转换发光是一种吸收红外光而发出可见光的现象，其作用机理是上转换发光材料通过吸收两个或多个较低能量的光子，积聚能量后发射出较高能量的光子。上转换发光是多光子参与的过程，能将低频率的激发光转换为高频率的发射光。近年来廉价高效的红外激光器的出现和技术的日益成熟，为上转换发光材料的实用提供了可靠的泵浦源，使稀土离子作为激活剂的上转换纳米晶备受青睐，这类上转换纳米晶具有的独特的发光特性使之在能源、通讯、环保方面具有广泛的应用前景，涵盖了激光器、太阳能电池、显示器领域，尤其在生物医学成像领域，上转换发射光谱具有较高的灵敏度和清晰度，有望被广泛应用于下一代荧光成像技术中。

在众多上转换发光候选基质（氟化物、氧化物、钒酸盐以及氯化物等）中，氟化物（如 $NaYF_4$、$NaGdF_4$、$NaLuF_4$ 等）凭借其声子能量低、光透过率高、不易潮解等优点，成为稀土离子掺杂的首选基质材料。其中 $NaYF_4$ 的声子能量只有 $360\ cm^{-1}$，对应着较低的无辐射能量损耗，目前六角相的 $NaYF_4$ 是公认的发光效率最高的上转换基质材料之一，而其中光子转换能力较高的又当属六方 $NaYF_4$：Yb^{3+}/Er^{3+} 发光粉。$NaYF_4$：Yb^{3+}/Er^{3+} 上转换材料通常以较强的绿色荧光发射为主，使得在生物组织中的穿透深度受限，制约了其在生物医学成像方面的应用。

生物组织对红色荧光的自我吸收较小，可以过渡金属掺杂将 $NaYF_4$ 的发射、激发峰调控到 $600 \sim 1\ 100\ nm$ 近红外区（生物水窗范围），这样不仅能够避免生物体自身背景荧光带来的干扰，还可使探针发射的荧光穿透更深层的生物组织，提高检测信号的信噪比和灵敏度。因此拓展上转换发射荧光的波长到红外或近红外的"水窗"区域，实现长波段上转换荧光对于生物医用成像至关重要。

一、实验目的

（1）熟悉 $NaYF_4$ 上转换发光材料的结构及性能特点；
（2）掌握 Fe 掺杂 NaYF4：Yb^{3+}/Er^{3+} 的水热制备方法；
（3）了解 $NaYF_4$：Yb^{3+}/Er^{3+} 上转换发光材料的应用领域。

二、实验原理

稀土离子 Yb^{3+} 的 ${}^2F_{7/2} \rightarrow {}^2F_{5/2}$ 能级跃迁过程中有较强的振子强度，在上转换发光材料中常被用作敏化剂。稀土离子 Er^{3+} 则是具有独特的能级优势，而 $3d^5$ 过渡族金属离子（Fe^{3+}、Mn^{2+} 等）的能级也可以通过改变其晶场强度而得到调控。因而 Yb^{3+}、Er^{3+} 加上过渡金属 Fe^{3+} 共掺到 $NaYF_4$ 基质中，可以显著增强绿色、红色甚至白色的上转换荧光强度。

三、实验仪器与试剂

1. 仪 器

（1）磁力加热搅拌器；
（2）聚四氟乙烯内衬、不锈钢高压反应釜（ ~200 mL）；

（3）烘箱（～300 ℃）；

（4）真空恒温干燥箱（～100 ℃）；

（5）移液管；

（6）电子天平（0.001 g）；

（7）超声波清洗器；

（8）离心机。

2. 试 剂

（1）六水硝酸钇[$Y(NO_3)_3 \cdot 6H_2O$]，AR 级；

（2）五水硝酸铒[$Er(NO_3)_3 \cdot 5H_2O$]，AR 级；

（3）五水硝酸镱[$Yb(NO_3)_3 \cdot 5H_2O$]，AR 级；

（4）六水氯化铁（$FeCl_3 \cdot 6H_2O$），AR 级；

（5）氟化钠（NaF），AR 级；

（6）氨水（$NH_3 \cdot H_2O$）；

（7）环己烷（C_6H_{12}），AR 级；

（8）聚氧代乙烯壬基苯基醚（Igepal CO520），AR 级；

（9）正硅酸乙酯（TEOS），AR 级；

（10）无水乙醇（EtOH），AR 级；

（11）去离子水，自制。

四、实验步骤

1. 称量、溶解

（1）称取 0.9 g 氢氧化钠加入 4.5 mL 去离子水中，完全溶解得到透明溶液 A；

（2）分别称取适量的 $Y(NO_3)_3 \cdot 6H_2O$、$Yb(NO_3)_3 \cdot 5H_2O$、$Er(NO_3)_3 \cdot 5H_2O$ 和 $FeCl_3 \cdot 6H_2O$ 溶于适量去离子水中，得到物质的量浓度为 2 mmol/L 的 $Y(NO_3)_3$ 溶液、$Yb(NO_3)_3$ 溶液、$Er(NO_3)_3$ 溶液和 $FeCl_3$ 溶液。

2. 混 合

将 A 液置于磁力搅拌器上，放入磁子开动搅拌，随后向 A 液中加入准确量取的 15 mL 油酸和 30 mL 无水乙醇，混合后继续搅拌 20 min 直至溶液体系澄清透明，记为 B 液。

3. Fe 掺杂 NaYF$_4$：Yb^{3+}/Er^{3+} 前驱物的制备

用移液管依次向 B 液中加入准确量取的 9 mL 的 $Y(NO_3)_3$、2.7 mL 的 $Yb(NO_3)_3$、0.3 mL 的 $Er(NO_3)_3$ 和 3 mL 的 $FeCl_3$ 溶液，充分搅拌反应 30 min 后，用滴管缓慢滴加 12 mmol 氟化钠溶液，并快速搅拌 20 min，得 C 液。

4. 水热反应

将所有 C 液转入 200 mL 反应釜，放入恒温干燥箱中从室温加热到 200 °C 后保温 8 h，使之充分反应，8 h 后关闭干燥箱待冷却至室温后取出反应釜。

5. 洗涤、分离、烘干

取出反应釜中的沉淀物，用无水乙醇和去离子水交替洗涤 4 次，高速离心分离后倒掉上清液，取底部沉淀于真空干燥箱中 80 °C 下烘干，之后将干燥的粉末利用超声分散于 90 mL 环己烷中，备用。

6. 表面改性

在充分分散的环己烷溶液中，取出 15 mL 的 $NaYF_4$：Yb，Er，20% Fe 纳米晶核，加入 8 mL 的环己烷和 1 mL 的 CO520，超声分散 2 ~ 3 min，待超声分散均匀后再向其中加入 100 μL 的氨水，密封搅拌 20 min，至体系形成透明澄清溶液 D。

7. SiO_2 包裹

向步骤 6 的 D 液中加入 0.08 mL 的正硅酸乙酯，室温下以 600 r/min 的转速密封搅拌 4 h。反应后的溶液用无水乙醇洗涤 3 次，最后放入真空干燥箱于 60 °C 下恒温烘干，得到 $NaYF_4$：Yb，Er，20% Fe @ SiO_2 上转换发光材料。

五、数据分析

1. X 射线衍射（XRD）表征结构（见图 6.1）

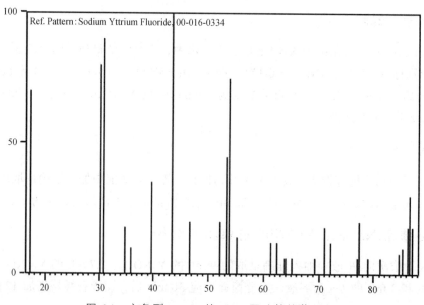

图 6.1　六角型 $NaYF_4$ 的 XRD 图（软件截图）

2. 透射电镜（TEM）表征形貌（见图 6.2）

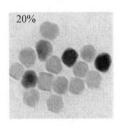

图 6.2 六角型 NaYF$_4$ 的 TEM 图

3. 注意事项

（1）高压反应釜的使用：装液后安装拧紧螺母时，必须对角对称，多次逐步加力拧紧，用力均匀，不允许釜盖向某侧倾斜，才能达到良好的密封效果，避免安全隐患；每次操作完毕用清洗液清除釜体及密封面的残留物，并于干燥箱中烘干，防止锈蚀。

（2）在 NaYF$_4$：Yb，Er，20% Fe 上转换发光材料的制备过程中应严格控制好 Fe^{3+} 的掺入量，Fe^{3+} 掺杂量不同会不同程度的影响到 NaYF$_4$：Yb，Er 的物相、晶粒尺寸以及发光性能。当 Fe^{3+} 摩尔分数在 5%～20%，可以获得纯相的六角型 NaYF$_4$，保证基质的发光效率，但摩尔分数在～10% 时 NaYF$_4$ 晶粒尺寸较大，10% 时达到最大值；当 Fe^{3+} 摩尔分数在 20%～40%，NaYF$_4$ 晶粒尺寸开始减小，但 30%～40% 时 NaYF$_4$ 晶体为六角型和立方型的混晶结构，发光效率降低。综合考虑，Fe^{3+} 掺杂量在 20% 左右较为合适。

（3）在包覆 SiO$_2$ 的反应中硅源正硅酸乙酯与表面活性剂 CO520 的比例要严格控制，使 V（TEOS）：V（CO520）在 0.8 左右较为合适。原因是 V（TEOS）：V（CO520）会影响到 SiO$_2$ 壳层包裹的均匀性。当 V（TEOS）：V（CO520）过高时，提供的硅源过多超过体系的水解能力，致使产生过多不需要的 SiO$_2$ 小球；当降低比例时，表面活性剂 CO520 的相对含量增加，水与 NaYF$_4$：Yb，Er，20% Fe 颗粒能直接接触而被更好地隔离。

（4）不同反应时间会对核壳厚度产生影响，进而影响到上转换纳米晶荧光性能。随反应时间延长，SiO$_2$ 壳层厚度增加，NaYF$_4$：Yb，Er，20% Fe 纳米晶的红绿色上转换荧光增强。当反应时间从 2 h 增加到 4 h 时，上转换荧光强度达到最大，此时对应的壳层厚度为 11 nm，反应时间继续延长，荧光强度降低。

4. 思考题

（1）NaYF$_4$：Yb，Er，20% Fe 上转换发光材料中掺入的 Fe^{3+} 有什么功用？

（2）NaYF$_4$ 包覆 SiO$_2$ 壳层的作用是什么？

（3）表面活性剂 CO520 与硅源正硅酸乙酯的比例会如何影响 NaYF$_4$ 的发光特性？

六、参考文献

[1] 李大光，刘世虎，兰民，等. Ca^{2+} 掺杂对 NaYF$_4$：Yb，Er 微米晶上转换发光性能的影响[J]. 发光学报，2015，36（1）：45-49.

[2] 郭聪，张海明，张晶晶，等. 纳米 Ag 颗粒掺杂方式对 $NaYF_4$：Yb^{3+}/Er^{3+}上转换发光材料发光性能的影响[J]. 人工晶体学报，2016，45（2）：460-464.

[3] 唐静，陈力，谢婉莹，等. $3d^5$金属离子共掺杂 $NaYF_4$：Yb，Er 纳米晶的上转换发光[J]. 发光学报，2016，37（9）：1 056-1 063.

[4] 陈实，周国红，张海龙，等. 核壳结构 $NaYF_4$：Yb^{3+}、Er^{3+}/SiO_2颗粒的制备及其光谱性能[J]. 无机材料学报，2010，25（11）：1 128-1 132.

[5] SHI F, ZHAI X S, ZHENG K Z, et al.Synthesis of monodisperse $NaYF_4$：Yb, Tm@SiO_2 nanoparticleswith intense ul-traviolet upconversion luminescence[J]. J. Nanosci. Nanotechnol, 2011, 11(11): 9 912-9 915.

实验七　YAG 钇铝石榴石透明陶瓷粉体的水热沉淀法制备

【实验导读】

固体激光器在通讯、国防、加工、能源、医疗等领域均具有重大的应用价值，钇铝石榴石（化学式为 $Y_3Al_5O_{12}$，简称 YAG，不存在天然矿物形式，是一种人工合成材料）单晶是运用最多，性能最为优异的固体激光器工作基质。但单晶材料会受到例如掺杂浓度较低、生长周期较长、合成大尺寸时需要特殊仪器和繁杂工艺、价格昂贵等方面的局限。直到 1995 年，日本科学家 Ikesue（池末）成功研制出了世界上第一块有激光输出的 Nd：YAG 透明陶瓷，引起了材料界的广泛关注，从此大量的研究从 YAG 单晶转移到 YAG 透明陶瓷。这种 YAG 透明陶瓷与其单晶材料相比，可实现大比例的掺杂，大尺寸制作，成本也相对较低，从而更具实用价值。

YAG 多晶陶瓷是通过 YAG 烧结来制备，这种陶瓷主要由晶粒、晶界、玻璃相、气孔和杂质等共同组成。普通陶瓷是不透明的，主要原因在于陶瓷对入射光存在大量吸收和反射损失，余下透射光很少。如果吸收和反射可以降低到足够少陶瓷就可透明，由此应该具备以下五个条件：（1）陶瓷表面的光洁度高，对入射光的吸收小和反射都要小；（2）陶瓷晶界处无杂质、无玻璃相、无空隙，即使有存在空隙，其尺寸要远远小于入射光波长；（3）陶瓷的密度能达到理论密度的 99.5% 以上；（5）陶瓷中的晶粒粒径小且尺寸分布均匀，晶粒内部没有空隙等缺陷；（5）陶瓷晶体结构应为立方晶系，无光学各向异性。

制备光学损耗低的透明陶瓷，性能优良的前驱体纳米粉末是前提和基础。高质量的粉末具有超纯、非团聚、超细、晶粒尺寸分布范围窄等特性。同一成分的超细粉体当具有不同形貌时，其粉体的工艺性能也存在较大的差别，同时不同的粉体形貌所对应的应用领域也有所不同。因而，为提高 YAG 在陶瓷材料中的性能增强作用，其中关键技术之一是要提高相应粉体的性能。

一、实验目的

（1）熟悉 YAG 的结构及性能特点；
（2）掌握纯相 YAG 纳米粉的水热沉淀制备方法；
（3）了解 YAG 透明陶瓷的制备工艺及应用领域。

二、实验原理

目前，YAG 纳米粉体的制备方法主要包括燃烧法、溶胶-凝胶法、化学共沉淀法、均相沉淀法和固相法等，其中以共沉淀法应用最广。采用共沉淀法制备 YAG 粉体，虽然粒径均匀，但是团聚现象一直存在，且在沉淀过程中不同阳离子 pH 值敏感程度不同，因此得到多组分 [除 YAG 外，常伴有 YAM（$Y_4Al_2O_9$）、YAP（$YAlO_3$）等中间杂相] 的粉料，且成分分布不均匀。而水热法制备 YAG 粉体虽然具有成分较纯、合成温度低、粒径大小均匀可控等优点，但其对设备要求较高，且作为前驱体的有机醇盐价格较贵，使得制备成本较高。针对此问题，有研究发现加入矿化剂，且选择廉价的水作为溶剂，可以在 505 ℃ 下就能够合成出纯相的 YAG，但是得到的 YAG 粉体颗粒较大。所以综合以上共沉淀法和水热法的优缺点，采用水热沉淀法通过控制 Y^{3+} 浓度、Al^{3+} 浓度以及 Y^{3+} 与 OH^- 摩尔比来制备纯相超细 YAG 粉体。

三、实验仪器与试剂

1. 仪 器

（1）磁力加热搅拌器；
（2）聚四氟乙烯内衬、不锈钢高压反应釜（～200 mL）；
（3）烘箱（～300 ℃）
（4）电子天平（0.000 1 g）；
（5）超声波清洗器；
（6）离心机；
（7）马弗炉（～1 300 ℃）；
（8）量筒、烧杯、滴管。

2. 试 剂

（1）六水硝酸钇[$Y(NO_3)_3 \cdot 6H_2O$]，99.99 %；

（2）九水硝酸铝[$Al(NO_3)_3 \cdot 9H_2O$]，99.99 %；

（3）氢氧化钠（NaOH），AR 级；

（4）无水乙醇，AR 级；

（5）去离子水，自制。

四、实验步骤

1. 称 量

按照摩尔比 $Y^{3+} : Al^{3+} : OH^- = 3 : 5 : 24$ 分别称取 0.383 g 的 $Y(NO_3)_3 \cdot 6H_2O$、0.625 g 的 $Al(NO_3)_3 \cdot 9H_2O$ 和 0.320 g 的 NaOH。

2. 溶 解

（1）量取 100 mL 去离子水倒入 250 mL 烧杯中，将准确称量好的 $Y(NO_3)_3 \cdot 6H_2O$ 和 $Al(NO_3)_3 \cdot 9H_2O$ 加入该 250 mL 烧杯中搅拌至完全溶解，得 A 液。

（2）另量取 60 mL 去离子水倒入 100 mL 烧杯中，将称量好的 NaOH 加入该 100 mL 烧杯中搅拌至完全溶解，得 B 液。

3. 沉淀反应

将 A 液置于磁力搅拌器上，加入搅拌磁子，打开磁力搅拌开关，将所有的 B 液缓慢滴入 A 液中，滴加结束后继续搅拌 1 h，得悬浮液 C 液。

4. 水热反应

将所有 C 液倒入 200 mL 聚四氟乙烯内衬的不锈钢反应釜中，拧紧旋盖后将反应釜放入恒温干燥箱中从室温升温至 200 ℃，并在 200 ℃下保温 2 d，关闭干燥箱待冷却至室温后取出反应釜。

5. 洗 涤

打开反应釜，倒出全部沉淀，将沉淀先后加入到去离子水和无水乙醇中超声振荡清洗 5 min，使反应中的副产物及杂质充分溶解到上层清液中，静置 10 min 后进行离心分离，倒掉上清液取沉淀，重复 2 次上述的去离子水操作，反复洗涤和分离，提纯沉淀。

6. 干 燥

将步骤 5 中洗净的沉淀放入干燥箱中，设定温度为 120 ℃恒温干燥至粉末。

7. 热处理

将步骤 6 中的粉末放入氧化铝坩埚，于马弗炉中加热到 1 100 ℃保温 3 h，随炉冷却后，得到 YAG 棒状粉末。

五、数据分析

1. X射线衍射（XRD）表征结构（见图 7.1）

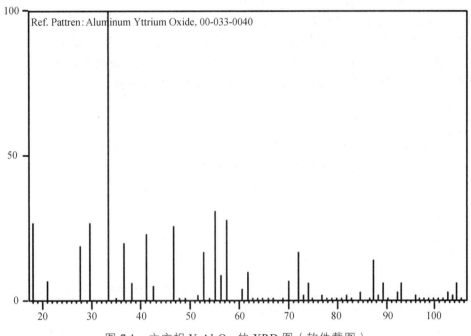

图 7.1 立方相 $Y_3Al_5O_{12}$ 的 XRD 图（软件截图）

2. 扫描电镜（SEM）表征形貌（见图 7.2）

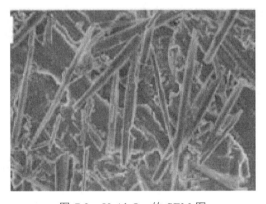

图 7.2 $Y_3Al_5O_{12}$ 的 SEM 图

3. 注意事项

（1）高压反应釜的使用：装液后安装拧紧螺母时，必须对角对称，多次逐步加力拧紧，用力均匀，不允许釜盖向某侧倾斜，才能达到良好的密封效果，避免安全隐患；每次操作完毕用清洗液清除釜体及密封面的残留物，并于干燥箱中烘干，防止锈蚀。

（2）在其他反应条件不变的情况下，随着 Y^{3+} 与 OH^- 的摩尔比从 $1:6$ 增加到 $1:8$ 时，所制备的 YAG 粉体的形貌会相应的由团聚的颗粒状转变为均匀的棒状，此后当 Y^{3+} 与 OH^-

的摩尔比再增加时，YAG 粉体形貌保持棒状不变，因而 $Y^{3+} : OH^- = 1 : 8$ 是一个临界点。这与中间产物 $Al(OH)_3$ 为两性物质有关，当反应体系的碱浓度较高时，反应物中的全部 Al^{3+} 首先沉淀为 $Al(OH)_3$（$Y^{3+} : OH^- = 1 : 6$），而后 $Al(OH)_3$ 会与多出的 OH^- 反应生成 AlO_2^-（$Y^{3+} : OH^- = 1 : 8$），随后再增加碱浓度对反应不再起作用。

（3）该方法中所制备的 YAG 粉体形貌和颗粒大小与反应体系中 Y^{3+} 浓度有关，Y^{3+} 浓度升高，改变了 YAG 晶粒生长的择优取向，形貌由球状变为棒状，同时颗粒尺寸增大。原因是浓度高时体系对应的吉布斯自由能大，反应助推力大，反应会越剧烈，此时为 YAG 晶体形核过程提供了足够的能量，加快晶核长大速率，因而晶粒尺寸变大。

4．思考题

（1）反应体系中，Y^{3+} 浓度、Al^{3+} 浓度如何影响 YAG 粉体的性能？

（2）Y^{3+} 与 OH^- 的摩尔比如何影响 YAG 粉体的形貌？

（3）将 YAG 纳米粉制作为 YAG 透明陶瓷的工艺有哪些要求？

六、参考文献

［1］ 宋杰光，庞才良，陈林. 利用水热沉淀法合成的 YAG 粉体制备多孔陶瓷及性能研究[J]. 人工晶体学报，2018，47（2）：343-347.

［2］ 杨梨容，刘畅，李小伍. YAG 纳米粉末制备中的问题分析[J]. 化工新型材料，2015，43（5）：247-249.

［3］ 冯寅，吴起白，张海燕，等. 化学共沉淀法制备纯相 YAG 纳米粉体的研究[J]. 人工晶体学报，2015，44（2）：380-383.

［4］ 常振东，邓仲华. 钇铝石榴石（YAG）粉体的溶胶凝胶法制备[J]. 真空，2017，54（4）：60-62.

实验八　$Ca_3Co_4O_9$ 热电材料的溶胶凝胶法制备

【实验导读】

热电材料是实现热能与电能间相互转换的功能材料，能源危机和生态环境污染的加剧使热电材料成为材料研究领域的热点之一，尤其在利用温差发电和热电制冷方面具有广阔的应用前景。热电材料的性能通常用热电品质因子 Z 来衡量：

$$Z = \frac{\sigma S^2}{\lambda}$$

式中，σ——电导率；S——Seebeck 系数；λ——热导率。

通常认为，品质因子 Z 值越大，热电性能越好。因此获得较好的热电性能材料需要具备高的电导率、高的 Seebeck 系数和较低的热导率。一直以来，应用于实际生产的热电材料主要是一些金属间化合物或固溶体，以 Bi_2Te_3 基合金最为成熟、应用最广，室温下其 Z 值可达到 3×10^{-3} K。但是金属合金制备工艺复杂、制备和使用过程中容易被氧化并且大多数热电合金有一定毒性。

传统观念一直认为金属氧化物是不能用作热电材料的，原因是金属氧化物的离子性较强，使其电子具有较强的定域性，导致载流子浓度很低。直至 20 世纪 90 年代，日本学者 Terasaki（寺崎）在研究中发现层状结构的 $NaCo_2O_4$ 室温下具有高的电导率和低的热导率，该材料的单晶室温下其 Seebeck 系数最高可达到 $100\ \mu V/K$，而电阻率仅为 $200\ \mu\Omega \cdot cm$，表现出良好的热电性能，这一发现打破了氧化物为绝缘体的传统观念，引发了科学界对钴基氧化物热电材料的浓厚兴趣。$NaCo_2O_4$ 优良的热电性能取决于其特殊的晶体结构，其中的 CoO_2 层对 $NaCo_2O_4$ 的载流子输运性能起到显著的促进作用，随后一系列具有失配层结构及 CoO_2 层等通性的金属氧化物成为热电材料领域新的研究热点。

$Ca_3Co_4O_9$ 属单斜晶系，与 $NaCo_2O_4$ 具有相似的结构，$Ca_3Co_4O_9$ 由绝缘层 Ca_2CoO_3（NaCl 型）和导电层 CoO_2（CdI_2 型）沿 c 轴方向交替排列而成。两个子系统拥有相同的晶胞参数 a、c 和 β，但参数 b 在 b 轴方向上的不同引起了 $Ca_3Co_4O_9$ 具有失配层结构的特点。在 Ca_2CoO_3 层中，Ca-O 和 Co-O 均为离子键不能提供导电电子，只作为绝缘层降低材料热导率；而 CoO_2 层为八面体结构，作为导电层提供空穴，载流子可以在层内和层间进行迁移。研究发现 $Ca_3Co_4O_9$ 同样具有很好的热电特性，同时没有 $NaCo_2O_4$ 室温下易潮解，高温下 Na 易挥发等缺陷，是一种更有应用前景的金属氧化物热电材料。

一、实验目的

（1）熟悉 $Ca_3Co_4O_9$ 的结构、性能特点及应用；

（2）掌握纯相 $Ca_3Co_4O_9$ 热电材料的溶胶凝胶制备方法；

（3）掌握热电性能的测试方法。

二、实验原理

$Ca_3Co_4O_9$ 在温度高达 727 ℃ 时仍能在空气甚至氧气中维持性能稳定，作为热电材料的应用潜力很大；但当外界温度超过 900 ℃ 后，$Ca_3Co_4O_9$ 稳定性大大降低，因此在 $Ca_3Co_4O_9$ 的制备过程中必须要求较低的合成温度，而好的制备方法至关重要。

目前 $Ca_3Co_4O_9$ 热电材料研究中很多是采用固相法进行制备，固相法是一种机械混合法，一般会由于混合的不确定性使合成的材料组成及性能不均匀，同时所需反应时间长、耗能大也是其不利的因素。因此本实验选用溶胶-凝胶法来制备 $Ca_3Co_4O_9$ 热电材料，该方法具有反应温度低、所制备材料均匀性好、实验过程容易控制等优点。

三、实验仪器与试剂

1. 仪　器

（1）磁力加热搅拌器（～100 ℃）；

（2）烘箱（～200 ℃）；

（3）马弗炉（～1 200 ℃）；

（4）成型压片机（～30 MPa）；

（5）电子天平（0.000 1 g）；

（6）pH 计（0～14）；

（7）超声波清洗器；

（8）离心机；

（9）量筒、烧杯、滴管。

2. 试　剂

（1）四水硝酸钙[$Ca(NO_3)_2 \cdot 4H_2O$]，AR 级；

（2）六水硝酸钴[$Co(NO_3)_2 \cdot 6H_2O$]，AR 级；

（3）柠檬酸（$C_6H_8O_7$），AR 级；

（4）硝酸（HNO_3）；

（5）无水乙醇（EtOH），99.99 %；

（6）去离子水，自制。

四、实验步骤

1. 称　量

按照化学计量摩尔比 $Ca^{2+}：Co^{2+} = 3：1$ 分别称取 7.085 g（0.03 mol）的 $Ca(NO_3)_2 \cdot 4H_2O$、2.910 g（0.01 mol）的 $Co(NO_3)_2 \cdot 6H_2O$ 和 30.74 g（0.16 mol）的 $C_6H_8O_7$。

2. 溶　解

（1）量取 40 mL 去离子水倒入 100 mL 烧杯中，将准确称量好的 $Ca(NO_3)_2 \cdot 4H_2O$ 和 $Co(NO_3)_2 \cdot 6H_2O$ 加入该 100 mL 烧杯中超声振荡至完全溶解，得 A 液；

（2）另量取 100 mL 无水乙醇倒入 250 mL 烧杯中，将称量好的 $C_6H_8O_7$ 加入该 250 mL 烧杯中超声振荡至完全溶解，得 B 液。

3．反 应

将 A 液转移到洗净的 250 mL 烧杯中，置于磁力加热搅拌器上，放入搅拌磁子，设定温度为 80 ℃ 后，打开加热开关，打开磁力搅拌开关并调好转速，将所有的 B 液缓慢滴入 A 液中，滴加适量硝酸，调节体系 pH ＝ 1 ~ 3（pH 计测量），持续搅拌得到溶胶，当溶胶中产生大量气泡，体系呈半流动状，形成紫红色粘稠凝胶后停止搅拌，得 $Ca_3Co_4O_9$ 前驱物湿凝胶。

4．陈 化

将 $Ca_3Co_4O_9$ 湿凝胶放入干燥箱中，在 130 ℃ 静置沉化 12 h，得到蓬松的 $Ca_3Co_4O_9$ 干凝胶，将干凝胶研磨成细粉。

5．预 烧

将所得 $Ca_3Co_4O_9$ 前驱粉末置于马弗炉中在 800 ℃ 条件下保温 2 h，除去体系中多余的硝酸盐和有机物。

6．成 型

将预烧后的 $Ca_3Co_4O_9$ 粉末研细后在 20 MPa 下保压 5 min，压制成直径为 10 mm 的圆片。

7．烧 结

将压成片的 $Ca_3Co_4O_9$ 放入氧化铝坩埚，于马弗炉中加热到 900 ℃ 在常压下烧结 12 h，随炉冷却后，得到 $Ca_3Co_4O_9$ 热电材料。

五、数据分析

1．X 射线衍射（XRD）表征结构（见图 8.1）

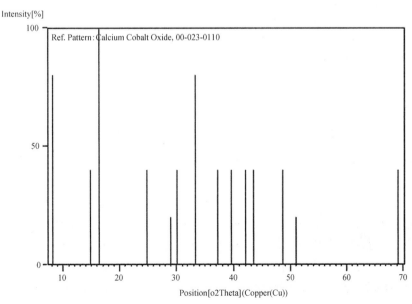

图 8.1　$Ca_3Co_4O_9$ 的 XRD 图（软件截图）

2. 扫描电镜（SEM）表征形貌（见图8.2）

图 8.2　$Ca_3Co_4O_9$ 的 SEM 图

3. 注意事项

$Ca_3Co_4O_9$ 陶瓷成型烧结后的致密度会同时影响到 $Ca_3Co_4O_9$ 的热导率和电导率，两方面的作用共同影响 $Ca_3Co_4O_9$ 的热电品质因子 Z。一方面，气孔较多时在一定程度上能降低材料的热导率，提高 Z 值，但这种热导率降低作用并不是数量级的变化，因而所引起的 Z 值提高不明显；另一方面，气孔率较高时会极大降低材料的电导率，大大降低 Z 值。所以在 $Ca_3Co_4O_9$ 的成型和烧结过程中均要想办法降低其气孔率提高致密度，必要时可考虑热压烧结或掺杂等其他途径改善导电性，从而保证 $Ca_3Co_4O_9$ 较高的电导率，进而保证较高的热电品质因子 Z。

4. 思考题

（1）烧结温度对 $Ca_3Co_4O_9$ 的结构有何影响？

（2）反应过程中加入硝酸调节 $pH = 1 \sim 3$ 的原因是什么？

（3）如何进一步提高 $Ca_3Co_4O_9$ 样品的电导率？

六、参考文献

[1]　冯晓莉，解林燕，苏金瑞，等. 制备工艺对 $Ca_3Co_4O_9$ 热电性能的影响[J]. 材料导报，2011，25（18）：338-351.

[2]　邢学玲，刘小满，杨雷，等. Sr 掺杂对 $Ca_3Co_4O_9$ 热电性能的影响与理论分析[J]. 硅酸盐学报，2011，39（10）：1 541-1 545.

[3]　李佳书，胡志强，秦艺颖. 溶胶凝胶法制备 $Ca_3Co_4O_9$ 及其性能分析[J]. 大连工业大学学报，2017，36（3）：206-209.

[4]　汪南，漆小玲，曾令可. Sr 掺杂对 $Ca_3Co_4O_9$ 基材料热电性能的影响[J]. 人工晶体学报，2012，41（3）：611-615.

实验九 铁酸铋铁电纳米粉体的水热法制备

【实验导读】

铁电材料中的多铁性材料由于其不但具有铁磁性、铁电性、铁弹性等多种铁性性能，而且由于铁性的耦合协同作用，还会产生出一些新的效应，从而使多铁性材料可广泛应用于信息存储、传感器、电子学、磁电感应设备等领域。作为一种典型无铅的多铁性材料，铁酸铋（$BiFeO_3$，简称 BFO）是一种具有三方扭曲的菱形钙钛矿结构的多铁性材料，室温表现为铁电有序与反铁磁有序，自旋在室温时会同时呈现出铁电性和铁磁性，是少数在室温下能同时具有铁电性和磁性的铁磁电材料之一，并且还具有独特的磁电耦合特性。其铁电居里温度 $T_C \approx 830\,℃$，反铁磁奈尔温度 $T_N \approx 370\,℃$，剩余极化强度较高（$\approx 90\,\mu C/cm^2$），被认为是最有应用前景的多铁磁性材料。

此外，在众多的光伏材料中，铁电材料凭借具有反常的光伏效应、理论上存在较高的光电转换效率而受到青睐。铁电材料的光伏电场不会受到晶体禁带宽度 E_g 的限制，甚至可以比其 E_g 高出 2～4 个数量级，达到 $10^3 \sim 10^5\,V/cm$。另外，铁电材料的光伏效应与传统的 p-n 结太阳能电池不同，p-n 结型太阳能电池是利用 p-n 结的耗尽阻挡层产生的内建电场来分离电子和空穴，表现为一种"界面"光伏效应；而铁电材料则是通过其本身特有的电偶极子来激发内建电场，它的光伏效应可以出现在极化的均匀的体相材料中，是一种"体效应"，与 p-n 结的"界面效应"存在很大区别，这种"体效应"将大大提升太阳能电池的转换效率。在众多的铁电材料中，最典型的当数 BFO，原因在于 BFO 不仅拥有较高的极化强度，还同时具有非常窄的能带间隙，其 $E_g \approx 2.31 \sim 2.67\,eV$，可响应可见光，增加对太阳光的吸收利用，进而能够获得较高的光电转换效率。

BFO 的研究历史要追溯到 20 世纪中叶，科学家 Swars 和 Royen 于 1957 年率先合成了 BFO 的块体材料，引起了科学界的广泛关注，继而拉开了 BFO 材料研究的序幕。当时由于纯相 BFO 的合成温度窗口非常狭窄，而且容易引入其他杂相，此后大量的研究工作投入到纯相 BFO 的制备中。用来制备 BFO 的方法主要有固相合成法、共沉淀法、溶胶-凝胶法，但通过这些方法都很难制备出纯相的 BFO，特别是使用最多的固相合成法，在高温煅烧后还需要利用硝酸来除去 $Bi_2Fe_4O_9$ 和 $Bi_{25}FeO_{40}$ 不需要的杂相，带来的结果是所制备出的 $BiFeO_3$ 粉末表面很粗糙，性能不佳，而水热法通过碱矿化作用可以制得纯相 BFO。

一、实验目的

（1）熟悉 $BiFeO_3$ 的结构及性能特点；

（2）掌握 $BiFeO_3$ 粉末的水热制备方法；

（3）了解 $BiFeO_3$ 材料的应用领域。

二、实验原理

水热法是一种在高压蒸汽相中促进晶体生长的方法，与其他方法相比，该方法最突出的优点是反应温度较低、获得产物的纯度高、粒径分布窄、形貌可控。尤其适用于双金属化合物，通过水热合成更容易制得纯净、结晶程度高的产物。

三、实验仪器与试剂

1. 仪　器

（1）磁力搅拌器；
（2）聚四氟乙烯内衬、不锈钢高压反应釜（～100 mL）；
（3）恒温干燥箱（～300 ℃）；
（4）真空恒温干燥箱；
（5）pH 计；
（6）电子天平（0.001 g）；
（7）超声波清洗器；
（8）离心机。

2. 试　剂

（1）五水硝酸铋[$Bi(NO_3)_3 \cdot 5H_2O$]，AR 级；
（2）九水硝酸铁[$Fe(NO_3)_3 \cdot 9H_2O$]，AR 级；
（3）硝酸（HNO_3）溶液：物质的量浓度为 0.1 mol/L；
（4）氢氧化钠（NaOH），AR 级；
（5）十六烷基三甲基溴化铵（CTAB），99 %；
（6）无水乙醇，99.8 %；
（7）蒸馏水，自制。

四、实验步骤

1. 溶液的配制

称取 4 g NaOH 粉末溶于 100 mL 蒸馏水中，溶解完全后得到浓度为 1 mol/L 的 NaOH 溶液。

2. 称　量

按 Bi^{3+} 与 Fe^{3+} 摩尔比为 1∶1，分别用电子天平准确称取 0.728 g（1.5 mmol）$Bi(NO_3)_3 \cdot 5H_2O$ 和 0.606 g（1.5 mmol）$Fe(NO_3)_3 \cdot 9H_2O$。

3. 溶 解

将称好的 $Bi(NO_3)_3 \cdot 5H_2O$ 和 $Fe(NO_3)_3 \cdot 9H_2O$ 加入到 30 mL、0.1 mol/L 的稀 HNO_3 中溶解，得到透明溶液 A。

4. NaOH 矿化

将溶解好的 A 液置于磁力搅拌器上，加入适量的 CTAB，放入搅拌磁子，打开磁力搅拌器开关，调节好适当的转速后，用胶头滴管将配置好的 1 mol/L 的 NaOH 溶液缓慢滴入 A 液中，直至体系的 pH = 12（用 pH 计测量）停止滴加，之后继续搅拌 30 min，得到悬浮液 B。

5. 水热反应

将所有 B 液倒入 100 mL 聚四氟乙烯内衬的不锈钢反应釜中，拧紧旋盖后将反应釜放入恒温干燥箱中从室温升温至 200 °C，并在 200 °C 下保温 24 h，关闭干燥箱待冷却至室温后取出反应釜。

6. 洗 涤

打开反应釜，倒出全部沉淀，将沉淀先后加入蒸馏水/无水乙醇中超声振荡清洗 5 min，使反应中的水溶性副产物（如 $NaNO_3$）/未参与反应的 CTAB 溶解到上层蒸馏水/无水乙醇中，静置 10 min 后进行离心分离，倒掉上清液取沉淀，多次重复上述操作反复洗涤和分离，得到纯度较高的 $BiFeO_3$ 沉淀。

7. 干 燥

将步骤 6 中得到的 $BiFeO_3$ 沉淀放入真空干燥箱中，设定温度为 60 °C 恒温干燥 4 h，得到 $BiFeO_3$ 粉体材料。

五、数据分析

1. X 射线衍射（XRD）表征结构（见图 9.1）

2. 透射电镜（TEM）表征形貌（见图 9.2）

3. 注意事项

（1）高压反应釜的使用：装液后安装拧紧螺母时，必须对角对称，多次逐步加力拧紧，用力均匀，不允许釜盖向某侧倾斜，才能达到良好的密封效果，避免安全隐患；每次操作完毕用清洗液清除釜体及密封面的残留物，并于干燥箱中烘干，防止锈蚀。

（2）Bi^{3+} 与 Fe^{3+} 摩尔比和水热反应温度对 $BiFeO_3$ 产物的晶相组成有较大影响，当摩尔比 $Bi^{3+} : Fe^{3+} = 1 : 1$，水热温度为 180 °C 时得到的产物为 BFO 与 Bi_2O_3 的混晶，当温度达到 200 °C 以上才能获得纯相的 BFO，而摩尔比 $Bi^{3+} : Fe^{3+} = 1 : 2$ 时产物为顺磁性的 $Bi_2Fe_4O_9$。

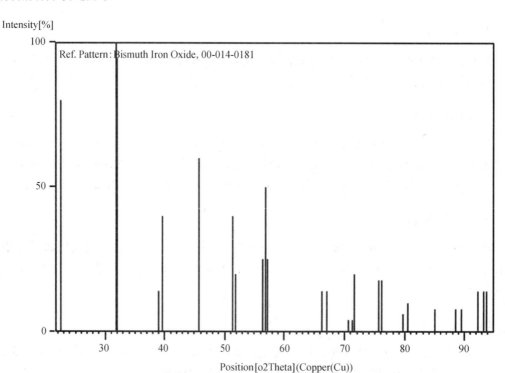

图 9.1　BiFeO₃ 的 XRD 图（软件截图）

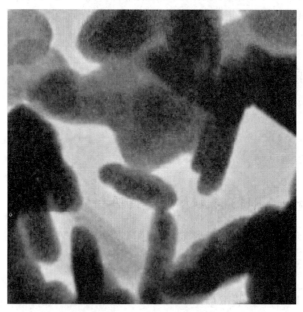

图 9.2　BiFeO₃ 的 TEM 图

4．思考题

（1）实验操作中加入十六烷基三甲基溴化铵（CTAB）的作用是什么？

（2）在干燥 BiFeO₃ 沉淀时为什么需要真空干燥，普通干燥会带来什么结果？

（3）由 Bi、Fe、O 组成的铁酸盐有哪几种化合物，其晶体结构和性能特点分别是什么？

六、参考文献

[1] 彭诚，吕明，吴建青. 铁酸铋纳米粉体的水热合成与性能研究[J]. 中国陶瓷，2013，49（2）：17-19.

[2] 苗鸿雁，张琼，谈国强，等. 钙钛矿型铁酸铋粉体的水热合成及表征[J]. 稀有金属材料与工程，2007，36（1）：1-3.

[3] 周浩，高荣礼，符春林. 铁酸铋薄膜光伏效应研究进展[J]. 表面技术，2016，45（7）：128-134.

实验十　ZnO 压敏陶瓷的制备

【实验导读】

ZnO 由于本身的极性结构使它在常温下存在本征缺陷和填隙离子，这些本征缺陷和填隙离子的电离，使 ZnO 呈现 n 型半导体的特性，同时由于其晶界电阻特别低，ZnO 经常被用作压敏电阻的基体材料。ZnO 压敏陶瓷是以 ZnO 为基体，通过掺入适量的功能性的添加剂（如 Co_2O_3、Bi_2O_3、Sb_2O_3、Cr_2O_3、TiO_2、MnO_2 等氧化物）而制成的一种具有非线性电学性能的电子元件。ZnO 压敏陶瓷响应时间短、非线性特性好、漏电流小，目前广泛应用于电子元器件的稳压保护。

ZnO 压敏陶瓷最重要的性能参数就是其压敏电压（U_{1mA}），表达式为

$$U_{1mA} = \frac{DV_g}{d}$$

式中，D——压敏电阻的厚度；V_g——晶界势垒，一般为 2～3 V；d——晶粒的平均粒径。

由此看出调节 U_{1mA} 的方式有两种，一是增加压敏电阻的厚度 D，但其厚度不可能无限制增大；二是降低晶粒的平均粒径 d。所以提高 U_{1mA} 较为可行的方法是减小 ZnO 陶瓷中的晶粒尺寸。因此要获得高 U_{1mA} 的 ZnO 压敏陶瓷，其关键是如何制备粒径小，粒度分布窄、掺杂均匀等优良性能的 ZnO 压敏陶瓷粉体。同时陶瓷多晶结构具有的晶界效应是压敏电阻具有非线性电学特性根源，所以 ZnO 压敏陶瓷中微观结构的均匀性及晶界的完美程度都会对其压敏特性产生重要影响。

国内外很多学者尝试采用液相法来制备 ZnO 压敏陶瓷粉体，研究发现这些液相工艺方法存在着反应不易控制、过程复杂、受反应条件影响大、产物颗粒间容易团聚、有机溶剂用量大等缺点，仍无法取代传统固相研磨法的重要地位。

一、实验目的

（1）熟悉 ZnO 压敏陶瓷的化学组成以及各辅料的作用；
（2）掌握 ZnO 压敏陶瓷的制备方法；
（3）了解压敏陶瓷的性能及应用。

二、实验原理

两个 ZnO 晶粒没有接触时，晶粒为 n 型，晶界为电中性，同时晶粒表面费米能级要比晶界处高很多；当两个 ZnO 晶粒接触后形成界面，晶粒表面上自由电子会被处于受主态的晶界捕获，使原本呈电中性的晶粒表面因失去电子而带正电。这时为了维持晶粒表面电中性，自由电子会从晶粒体内运动到晶粒表面补给负电荷，而当电子到达晶粒表面时，该电子又会继续被受主态晶界捕获。如此不断俘获电子的重复过程，使晶界处呈现出负的界面电荷，结果是导致原来的晶界费米能级逐渐升高。这种晶界捕获电子、晶粒传送电子的过程会一直进行到晶粒表面与晶界费米能级相等时达到平衡，使晶界两侧的晶粒表面处形成一定深度、几乎全部带正电的电离化施主离子组成的电子耗尽层，引起了晶粒表面能带弯曲并在晶界两侧形成 Schottk 势垒。

在压敏电阻两端施以电压，能带会发生倾斜，在一定电场强度和温度下，其电压-电流特性处于预击穿区；在施以反向偏压时，流向 Schottky 势垒右边的电子其来源是：紧邻的左边 ZnO 晶粒导带中被热激活逸出的电子和晶界处陷落又被热激发逸出的电子。在击穿区，当外加电场强度足够高时，晶粒表面费米能级与晶界费米能级相当，晶界界面能级中堆积的电子不需要越过 Schottky 势垒，而是可以直接穿越势垒进行导电，称之为"隧穿效应"，这种隧穿效应会引发产生很大的电流，能将压敏电阻击穿，此即为 ZnO 压敏陶瓷导电的机理。

三、实验仪器与试剂

1. 仪　器

（1）行星式球磨机（~1 500 r/min）；
（2）马弗炉（~1 300 ℃）；
（3）干燥箱（~200 ℃）；
（4）电子天平（0.01 g）；
（5）陶瓷成型压片机（~60 MPa）；
（6）加热套（~100 ℃）；
（7）研钵；
（8）氧化铝坩埚（~1 300 ℃）。

2．试　剂

（1）氧化锌粉（ZnO），AR 级；

（2）三氧化二铋（Bi_2O_3），AR 级；

（3）三氧化二锑（Sb_2O_3），AR 级；

（4）三氧化二钴（Co_2O_3），AR 级；

（5）二氧化锰（MnO_2），AR 级；

（6）三氧化二铬（Cr_2O_3），AR 级；

（7）二氧化钛（TiO_2），AR 级；

（8）聚乙烯醇（PVA），AR 级；

（9）去离子水，自制。

四、实验步骤

1．称　量

（1）规定粉末总质量为 150 g，按照表 10.1 中的质量百分比用千分位电子天平分别称取各种氧化物原料。

表 10.1　ZnO 压敏陶瓷各化学组成及用量

氧化物	ZnO	Bi_2O_3	Sb_2O_3	Co_2O_3	MnO_2	Cr_2O_3	TiO_2
质量百分比（wt %）	97	0.5	0.4	0.6	0.3	0.6	0.6
实称质量（g）	145.50	0.75	0.60	0.90	0.45	0.90	0.90

2．球　磨

将准确称量好的氧化物粉末放入球磨罐中，以 1 400 r/min 速度球磨 4 h，混合均匀。

3．溶　解

称取 0.5 g 聚乙烯醇（PVA）加入少量去离子水中于加热套内 90 °C 充分溶解后得到 PVA 水溶液。

4．混合、造粒

称取 10 g 已球磨好的氧化物粉末置于研钵内，加入 PVA 水溶液手动研磨混合均匀。

5．成　型

将混合好的加入 PVA 的粉末成型，在 30 kN 压力下保压 5 min 压制成直径为 10 mm，厚度在 1～2 mm 的圆形陶瓷薄片。

6．烧　结

将压制好的陶瓷置于马弗炉中升温至 1 100 °C 保温 2 h 后随炉冷得到 ZnO 压敏陶瓷。

五、数据分析

1. X 射线衍射（XRD）表征结构（见图 10.1）

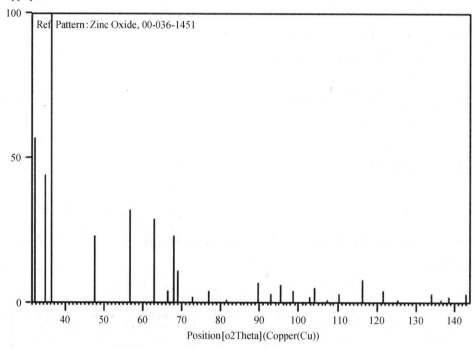

图 10.1　ZnO 的 XRD 图（软件截图）

2. 注意事项

（1）球磨机不能长时间连续工作，通常是研磨 15 min 暂停 15 min 的间歇式作业方式。

（2）PVA 以水溶液的形式加入 ZnO 压敏陶瓷粉末坯料中，而不是以固体粉末形式。

3. 思考题

（1）成型前加入 PVA 水溶液的作用是什么？

（2）烧结温度对压敏陶瓷性能会产生哪些影响？

（3）各种氧化物添加剂的功能分别是什么？

六、参考文献

［1］　刘桂香，徐光亮，罗庆平. 不同方法合成掺杂 ZnO 粉体制备 ZnO 压敏电阻[J]. 化工进展，2007，26（2）：234-237.

［2］　袁方利，凌远兵，李晋林，等. 化学共沉淀法制备 ZnO 压敏电阻[J]. 无机材料学报，1998，13（2）：171-175.

[3]　刘桂香，徐光亮，罗庆平，等. 共沉淀法制备 ZnO 基纳米复合粉体及高压 ZnO 压敏电阻的电性能[J]. 硅酸盐学报，2012，40（3）：373-378.

[4]　祁明，陈秀丽，周焕福，等. 氧化锌压敏电阻器低成本化制备技术研究进展[J]. 材料导报，2014，28（23）：170-171.

实验十一　铝酸镧基红外辐射粉体的溶胶凝胶法制备

【实验导读】

铝酸镧（$LaAlO_3$）属钙钛矿（ABO_3）型结构，是一种新型的稀土氧化物材料，自身具有熔点高、介电常数和介电损耗低、热稳定、晶格匹配好、能隙宽等特性，被广泛应用于衬底材料、合成微波介质材料、催化材料、高温燃料电池等领域。

红外辐射材料具有良好的热辐射性能，其涂层在高温环境下可显著提高辐射传热效率，因而在辐射加热系统中展现出重要的节能功用。研究最多的红外辐射涂层主要分为氧化物和非氧化物（如：硼化物、碳化物、硅化物），相较而言，这些非氧化物本身抗氧化能力差，尤其是在高温有氧环境中很容易被氧化失效，所以越来越多的研究投入到氧化物体系。

传统的红外辐射材料研究主要是基于晶格振动理论，而晶格振动理论主要发生在 8 ~ 14 μm 远红外波段，氧化物红外辐射材料在在该波段已具有较高的发射率。然而高温条件下的热辐射主要集中在 3 ~ 5 μm 中红外波段，大多氧化物红外辐射材料在该波段的发射率并不高。3 ~ 5 μm 波段对应的主导作用为电子的带间跃迁，由于间接跃迁半导体吸收的大部分光能会转化为热能，以辐射红外线的方式释放，因此以间接跃迁半导体作为基体，通过掺杂或其他方式进行能带调控，有望获得 3 ~ 5 μm 中红外波段内具有高发射率的红外辐射材料，而 $LaAlO_3$ 正是一种很好的间接带隙半导体。

一、实验目的

（1）熟悉铝酸镧的结构及性能特点；
（2）掌握铝酸镧基红外辐射粉体的溶胶凝胶制备方法；
（3）了解铝酸镧红外涂层的制备工艺及应用。

二、实验原理

传统的固相法合成由于受扩散和反应动力学条件限制，通常需要在很高的反应温度下保温很长时间才能制备出 $LaAlO_3$ 粉体，并且通过这种高温固相法制备的粉体颗粒尺寸较大，比表面积较小，致使其红外发射率较低。然而，溶胶凝胶法是一种典型的液相传质方法，具有合成温度低、合成时间短的特点，同时通过该方法制备的材料粒径小、比表面积大，因此具有较高的红外发射率。

三、实验仪器与试剂

1. 仪 器

（1）磁力加热搅拌器；

（2）恒温水浴锅（ ~ 100 ℃）；

（3）电子天平（0.000 1 g）；

（4）万用电炉；

（5）玛瑙研钵；

（6）超声波清洗器；

（7）400 目筛子（38 μm 孔径）；

（8）成型压片机（ ~ 140 MPa）

（9）马弗炉（ ~ 1 600 ℃）；

（10）量筒、烧杯、滴管。

2. 试 剂

（1）六水硝酸镧[$La(NO_3)_3 \cdot 6H_2O$]，AR 级；

（2）九水硝酸铝[$Al(NO_3)_3 \cdot 9H_2O$]，AR 级；

（3）六水硝酸镍[$Ni(NO_3)_2 \cdot 6H_2O$]，AR 级；

（4）乙二醇[EG，$(CH_2OH)_2$]，AR 级；

（5）柠檬酸（$C_6H_8O_7$），AR 级；

（6）去离子水，自制。

四、实验步骤

1. 称 量

（1）按照摩尔比 La^{3+}：Al^{3+}：Ni^{2+} = 1：0.6：0.4 分别称取适量的 $La(NO_3)_3 \cdot 6H_2O$、$Al(NO_3)_3 \cdot 9H_2O$ 和 $Ni(NO_3)_2 \cdot 6H_2O$；

（2）按照质量比$(CH_2OH)_2$：$C_6H_8O_7$ = 1.2：1.0 称取适量的 $(CH_2OH)_2$ 和 $C_6H_8O_7$。

2. 溶 解

（1）将步骤 1 中准确称量的硝酸盐加入到适量的去离子水中，超声振荡完全溶解后得 *A* 液。

（2）将$(CH_2OH)_2$ 和 $C_6H_8O_7$ 混合搅拌至完全溶解，得 *B* 液。

3．反　应

将 *A* 液与 *B* 液按照质量比 1∶1 进行混合，置于磁力加热搅拌器上放入搅拌磁子在 80 ℃恒温水浴条件下持续搅拌，直至溶液体系变为粘稠膏状物。

4．烘烤、研细、过筛

将步骤 3 中得到的膏状物置于电炉上烘烤，直至得到干燥的前驱体粉末；随后用玛瑙研钵将前驱体粉末研细，并进行 400 目筛子过筛，得到粒度合格的粉末。

5．预　烧

在 1 200 ℃下保温 1 h，对粉末进行预烧处理。

6．压制、煅烧、研磨

将步骤 5 中的粉体在 120 MPa 下保压 3 min，得到直径为 10 mm 的坯体，放入马弗炉中在 1 500 ℃保温 2 h，随炉冷研磨后得到 $LaAl_{0.6}Ni_{0.4}O_{2.89}$ 红外辐射粉体。

五、数据分析

1．X 射线衍射（XRD）表征结构（见图 11.1）

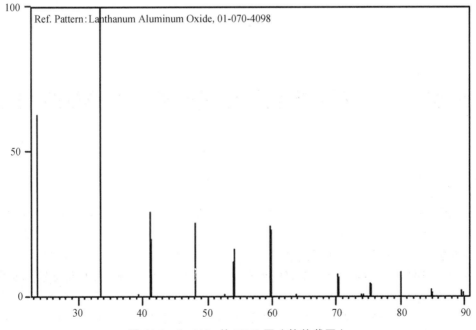

图 11.1　$LaAlO_3$ 的 XRD 图（软件截图）

2. 注意事项

本实验制备过程中掺杂过渡金属 Ni，通过引入 Ni^{2+}、Ni^{3+}杂质能级有助于提高 $LaAlO_3$ 的红外辐射性能，但其掺杂的量会直接影响产物的物相结构，当摩尔分数 $Ni/(Ni+Al)$ 在 40% 以内时能够获得纯净的斜方钙钛矿型 $LaAlO_3$ 产物，超出此比例后产物中会出现钙钛矿型 $LaNiO_3$、尖晶石型 La_2NiO_4 等杂相，稳定的尖晶石结构（La_2NiO_4）相较于钙钛矿结构，短波段的红外吸收性能要差很多，所以实验操作中应控制好 Ni 的掺杂比例。

3. 思考题

（1）$LaAlO_3$的结构及性能特点是什么？

（2）当 Ni 含量大于 0.4 后，会产生哪些杂相结构？

（3）Ni 离子在 $LaAl_{0.6}Ni_{0.4}O_{2.89}$中为几价，其价态分布对铝酸镧能带有何影响？

六、参考文献

[1] 卢卫华，刘鹏飞，韩召. 镍离子掺杂对铝酸镧红外辐射性能的影响[J]. 硅酸盐学报，2017，45（3）：371-376.

[2] 田丁，司伟，王修慧. 机械化学法合成铝酸镧粉体[J]. 分子科学学报，2011，27（5）：329-333.

[3] 万俊，王周福，田政权，等. 低温固相反应法合成铝酸镧粉体及表征[J]. 机械工程材料，2017，41（2）：63-66.

实验十二 不同形貌氧化亚铜的溶剂热法制备

【实验导读】

氧化亚铜（Cu_2O）是一种典型的 P 型金属氧化物半导体材料，其直接带隙为 2.0 ~ 2.2 eV，能够直接被可见光激发，具有独特的光学和催化性质。氧化亚铜对于表面增强拉曼光谱具有灵敏度高的优点，可以有效地运用于食品安全、化学催化、生物化学、元素追踪等。以氧化亚铜作为光电材料，在 CO 氧化，光活化水分解成 H_2 和 O_2 以及锂离子电池等方面具有潜在的应用前景。

近年来，氧化亚铜微米晶、纳米晶，如纳米线、微纳米球、空心球、纳米立方体、八面体等结构相继被报道。由于粒子的形貌和尺寸大小与其宏观的物理与化学性质密切相关，所以不同形貌的氧化亚铜颗粒其应用领域不同。例如微米级氧化亚铜用作锂电池负极材料有更好的充放电性能；亚微米级氧化亚铜在可见光下对水的分解则有着更强的催化性能。有文献报道氧化亚铜的正八面体结构比正方体结构有更好的吸附能力和光催化活性；球形氧化亚铜则具有特殊的电化学性质，是作锂电池电极的理想材料。

目前，制备氧化亚铜的方法主要有烧结法、电化学法、水热法、溶剂热法、化学沉淀法、辐射法（γ射线辐射法、红外辐射法、超声波辐射法）、多元醇法等。相对而言，溶剂热法能够使反应物（通常是固体）的溶解、分散过程及化学反应活性大大增强，使得反应能够在较低的温度下发生，而且由于体系化学环境的特殊性，可能形成在常规条件下无法得到的亚稳相。

多元醇具有良好的水溶性，沸点高，可以有效防止胶体团聚等优势，采用多元醇作为溶剂与还原剂的液相合成法已经被广泛地应用于制备金属，氧化物以及硫属化合物半导体微纳米结构材料。

一、实验目的

（1）了解 Cu_2O 半导体的结构及应用领域；
（2）掌握 Cu_2O 粉末的溶剂热制备方法；
（3）熟悉 Cu_2O 半导体材料的形貌与性能间的关系。

二、实验原理

在该多元醇溶剂热法合成体系中制备的氧化亚铜立方体、微球、空心球、核壳结构仅仅通过改变铜源种类以及多元醇的种类获得。以多元醇作为还原剂可以很顺利地将二价铜还原为一价，快速得到不同形貌的氧化亚铜。在该反应体系中可能的化学反应式为

$$2HOCH_2CH_2OH \rightarrow CH_3CHO + 2H_2O \tag{12.1}$$

$$2Cu^{2+} + OH^- + CH_3CHO + H_2O \rightarrow CH_3COOH + 3H^+ + Cu_2O \tag{12.2}$$

如反应式（12.1）和（12.2），初始阶段，在溶剂 EG 中，随着温度的增加 Cu^{2+} 被还原，逐渐有球状的 Cu_2O 纳米晶体生成。在逐渐形成的高指数 Cu_2O 晶体表面，晶体通常互相聚合在一起，从而降低 Cu_2O 的表面能。随着反应的进行，多面体的晶体将会沿着不同的晶面方向按不同的速率生长，由于它们具有不同的表面能。PVP 作为一种表面稳定剂，生长修饰剂，纳米粒子分散剂和还原剂，对于微纳米颗粒的生长和形貌都有很大的影响。PVP 在金属氧化物纳米颗粒的合成当中主要作为一种稳定剂，能够有效地防止纳米颗粒的团聚。同时，PVP 可以通过动力学控制特殊晶面的生长，能够和乙酰丙酮铜、醋酸根离子、硝酸根离子有效地发生螯合作用。通常，面心立方晶系一般是由[100]和[111]晶向来决定。PVP 与乙酰丙酮铜的螯合增强了氧化亚铜（100）面，而抑制了（111）面的生长，使得以乙酰丙酮铜作铜源合成的产物均为立方块纳米颗粒；PVP 与醋酸根离子的螯合作用使得在多元醇中合成得到了微米级到纳米级的氧化亚铜微纳米球；PVP 与硝酸根离子对氧化亚铜纳米颗粒的影响很大，在不同

的多元醇中氧化亚铜主要的（100）和（111）面的生长速率均发生了改变，最后得到 4 种不同的形貌。因此，可知 PVP 与乙酰丙酮铜、醋酸根离子、硝酸根离子对氧化亚铜的形貌控制和生长均有很大影响。

三、实验仪器与试剂

1. 仪　器

（1）磁力加热搅拌器；
（2）聚四氟乙烯内衬、不锈钢高压反应釜（～100 mL）；
（3）烘箱（～300 ℃）；
（4）真空恒温干燥箱；
（5）温度计（～100 ℃）；
（6）电子天平（0.001 g）；
（7）超声波清洗器；
（8）离心机。

2. 试　剂

（1）三水硝酸铜[$Cu(NO_3)_2 \cdot 3H_2O$]，分析纯；
（2）一水乙酸铜[$(CH_3COO)_2Cu \cdot H_2O$]，分析纯；
（3）乙酰丙酮铜（$C_{10}H_{14}CuO_4$），分析纯；
（4）乙二醇（EG），≥98%，分析纯；
（5）一缩二乙二醇（DEG），≥98%，分析纯；
（6）二缩三乙二醇（TrEG），≥98%，分析纯；
（7）三缩四乙二醇（TEG），≥98%，分析纯；
（8）聚乙烯吡咯烷酮（PVP，K30），优级纯。

四、实验步骤

1. Cu_2O 空心球的合成

用电子天平称取 0.121 g（0.5 mmol）的 $Cu(NO_3)_2 \cdot 3H_2O$ 和 0.5 g 的表面活性剂 PVP 置于 25 mL 的三口圆底烧瓶中，并加入 10 mL 的 DEG 溶剂（也是还原剂），混合后磁力搅拌 20 min 待溶液完全溶解，将完全溶解的溶液放入干燥箱中从室温加热到 180 ℃，在 180 ℃ 下恒温反应 60 min。反应过程中，能观察到溶液的颜色由初始的淡蓝色逐渐转变为深绿色，最后变为橙黄色。反应结束后将所得产物经离心、过滤、洗涤，得到橙黄色产物，干燥备用。

2. Cu₂O 核壳结构的合成

用电子天平称取 0.121 g（0.5 mmol）的 $Cu(NO_3)_2 \cdot 3H_2O$ 和 0.5 g 的表面活性剂 PVP 置于 25 mL 的三口圆底烧瓶中，并加入 10 mL 的 TrEG 溶剂（也是还原剂），混合后磁力搅拌 60 min 待溶液完全溶解，将完全溶解的溶液放入干燥箱中从室温加热到 180 ℃，在 180 ℃ 下恒温反应 60 min。反应结束后将所得产物经离心、过滤、洗涤，得到橙黄色产物，干燥备用。

3. Cu₂O 立方块的合成

用电子天平称取 0.131 g（0.5 mmol）的 $C_{10}H_{14}CuO_4$ 和 0.5 g 的表面活性剂 PVP 置于 25 mL 的三口圆底烧瓶中，并加入 10 mL 的 TEG 溶剂（也是还原剂），混合后磁力搅拌 60 min 待溶液完全溶解，将完全溶解的溶液放入干燥箱中从室温加热到 180 ℃，在 180 ℃ 下恒温反应 60 min，所得产物经离心、过滤、洗涤，得到橙黄色产物，干燥备用。

4. Cu₂O 微球的合成

用电子天平称取 0.100 g（0.5 mmol）的 $(CH_3COO)_2Cu \cdot H_2O$ 和 0.5 g 的表面活性剂 PVP 置于 25 mL 的三口圆底烧瓶中，并加入 10 mL 的 TrEG 溶剂（也是还原剂），混合后磁力搅拌 60 min 待溶液完全溶解，将完全溶解的溶液放入干燥箱中从室温加热到 180 ℃，在 180 ℃ 下恒温反应 60 min，产物经离心、过滤、洗涤，得到橙黄色产物，干燥备用。

以上 4 种形貌每小组同学可自行选择一种进行合成操作。

五、数据分析

1. X 射线衍射（XRD）表征结构（见图 12.1）

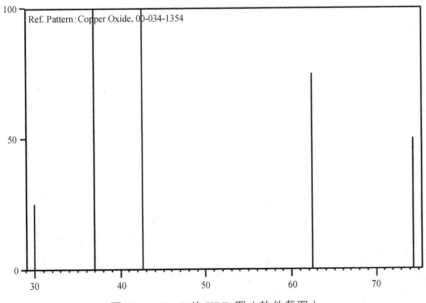

图 12.1 Cu₂O 的 XRD 图（软件截图）

2．扫描电镜（SEM）表征形貌（见图 12.2）

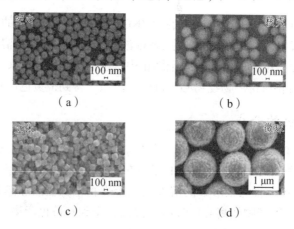

（a）　　　　　　　　　　（b）

（c）　　　　　　　　　　（d）

图 12.2　不同形貌的 Cu_2O 的 SEM 图

3．注意事项

本实验中的溶剂需同时具有一定的还原性，在 Cu_2O 的制备中才能将原料中的 Cu^{2+} 还原为 Cu^+，但要注意溶剂的选择并严格控制好反应时间，反应时间过长上述溶剂会将 Cu^{2+} 还原为 Cu 单质，得不到需要的 Cu_2O 样品。比如还原性过强的溶剂乙二醇（EG），硝酸铜、乙酸铜、乙酰丙酮铜在乙二醇作用下被还原出 Cu 单质对应的反应时间分别为 35、12 和 15 min，三种铜源在其作用下很容易被还原为 Cu 单质，较难制得纯相的 Cu_2O。乙酰丙酮铜在溶剂 DEG 中反应 30 min 出现单质 Cu，而 TrEG 和 TEG 还原性稍弱些，但在 60 min 的反应时间里，随着时间的改变所得的产物均为 Cu_2O，因此溶剂、铜源和反应时间的选择对制备纯相 Cu_2O 至关重要。

4．思考题

（1）不同溶剂如何影响和控制 Cu_2O 的形貌？
（2）Cu_2O 的形貌与其性能有何关联？
（3）铜源的选择会对 Cu_2O 的制备有什么影响？
（4）表面活性剂聚乙烯吡咯烷酮（PVP）在制备 Cu_2O 的工艺中起什么作用？

六、参考文献

[1] 刘欣，彭莉岚，冯鹏元，等. 多元醇法形貌可控制备氧化亚铜微纳米颗粒[J]. 应用化学，2018，35（4）：469-474.

[2] 梁建，董海亮，赵君芙，等. 不同醇对溶剂热法制备氧化亚铜形貌的影响[J]. 功能材料，2010，增 I（41）：139-142.

[3] 李如，闫雪峰，于良民，等. 氧化亚铜微纳米结构的形貌可控制备及光催化和防污性能[J]. 无机化学学报，2014，30（10）：2 258-2 269.

[4] 包秘，刘声燕，匡莉莉，等. 氧化亚铜微纳米结构的制备及光催化性能研究[J]. 无机盐工业，2013，45（1）：56-59.

实验十三　四方相钛酸钡超细粉体的水热法制备

【实验导读】

电子陶瓷是一类具有电磁功能的陶瓷，近年来电子陶瓷的研究和开发非常引人注目，电子陶瓷相关的新材料、新工艺、新器件已经在各领域取得了很多的研究成果，其中钛酸钡陶瓷是应用最为广范的一种新型介电陶瓷。

钛酸钡（$BaTiO_3$，BT）为钙钛矿型晶体结构，O^{2-} 和 Ba^{2+} 共同组成面心立方排列，其中 O^{2-} 占据面心立方的面心位置，Ba^{2+} 则位于面心立方的顶角处，而结构中的 Ti^{4+} 填充在氧八面体空隙中，填充率为 1/4，并位于立方体的中心。因 Ba^{2+} 半径较大使 $BaTiO_3$ 晶胞参数也较大，导致 $BaTiO_3$ 晶体结构的 Ti-O 键键长较长，Ti^{4+} 在氧八面体空隙中的活动性增强。当温度高于居里温度 T_c（$T_c = 120\ ℃$）时，Ti^{4+} 的热振动能会比较大，Ti^{4+} 处于氧八面体的中心，此时的钛酸钡处于一般物质的顺电相；而当温度低于 120 ℃ 时，Ti^{4+} 的热振动能降低，Ti^{4+} 将偏离氧八面体中心，向周边某一个 O^{2-} 靠近，$BaTiO_3$ 结构调整为四方型，使 $BaTiO_3$ 处于铁电相，具有相关的铁电性能。在不同的温度下，钛酸钡具有不同的晶型结构，纯的钛酸钡（$BaTiO_3$）的居里点约为 120 ℃，此温度下具有的最大介电常数可达 1 400，室温下 $BaTiO_3$ 的介电常数大约为在居里点的 1/6 左右，因而将居里温度降低至室温附近以提高其介电常数逐渐成为 $BaTiO_3$ 介电材料的研究热点。

$BaTiO_3$ 是具有高的介电常数、良好的铁电、压电、耐压及绝缘性能的电子陶瓷材料，凭借自身优良的电学性能被广泛的应用于多层陶瓷电容器（MLCC）、正温度系数热敏电阻（PTCR）等电子元器件的制造。$BaTiO_3$ 粉体材料在国内外电子元器件制造领域发挥着至关重要的作用，因而在该行业内有着电子工业支柱的美称。随着科技的不断发展，近年来电子元器件制造也不断朝着小型微型化、集成化、薄层化、大容量化以及高精度化方向发展，这一发展趋势对 $BaTiO_3$ 粉体材料提出了更高的要求，相应的促使 $BaTiO_3$ 粉体不断朝着小尺寸化、晶相含量高且单一化及形貌均匀化等方向发展。

一、实验目的

（1）熟悉 $BaTiO_3$ 的结构及性能特点；

（2）掌握 $BaTiO_3$ 纳米粉体的水热制备方法；

（3）了解 $BaTiO_3$ 陶瓷的制备工艺及应用领域。

二、实验原理

常用的 $BaTiO_3$ 的制备方法包括高温固相合成法、草酸盐沉淀法、溶胶-凝胶法、微波-沉淀法、水热合成法等。水热法由于制得的粉体结晶度高、颗粒团聚少、分布均匀、粒度可控、具有较高的烧结活性等优点，因而得到越来越广泛的重视。其原理是模仿地质学中堆积岩的生成过程，属于地质学、矿物学以及水热化学等交叉学科范畴。同时水热法还具有操作简单、反应条件温和、不需要极端条件和复杂设备等优势，因此本实验采用水热法在比较温和的条件下，以无水乙酸钡和钛酸四丁酯为前驱物来制备四方相含量高、颗粒形貌规整、分散性好的 $BaTiO_3$ 超细粉体。

三、实验仪器与试剂

1. 仪　器

（1）磁力加热搅拌器；
（2）聚四氟乙烯内衬、不锈钢高压反应釜（～100 mL）；
（3）烘箱（～300 ℃）
（4）电子天平（0.000 1 g）；
（5）超声波清洗器；
（6）离心机；
（7）pH 计（0～14）；
（8）研钵；
（9）量筒、烧杯、滴管。

2. 试　剂

（1）无水乙酸钡[(CH3COO)_2Ba]，AR 级；
（2）钛酸四丁酯，（$C_{16}H_{36}O_4Ti$，简称 TBT），AR 级；
（3）氢氧化钠（NaOH），AR 级；
（4）冰乙酸（CH_3COOH），AR 级；
（4）无水乙醇，AR 级；
（5）去离子水，自制。

四、实验步骤

1. 溶液的配制

（1）乙酸钡溶液。

用电子天平准确称取 2.555 g（0.01 mol）已完全干燥的无水乙酸钡溶于 7.5 mL 蒸馏水中，置于磁力搅拌器上搅拌，形成无色透明乙酸钡水溶液，记为 A 液。

（2）钛酸四丁酯溶液。

按照 $BaTiO_3$ 化学计量比准确称取 3.404 g（0.01 mol）的钛酸四丁酯（与无水乙酸钡等物质的量）置于 50 mL 小烧杯中，随后加入已准确量取的 1 mL 冰乙酸和 1～2 mL 乙醇进行溶解，得 B 液。

（3）NaOH 溶液。

称取 24 g 研细的固体溶于 100 mL 去离子水中，配置成物质的量浓度为 6 mol/L 的 NaOH 碱溶液。

2. 混合、反应

打开 A 液磁力搅拌开关，用滴管缓慢将 B 液逐滴（1～2 滴/s）加入到 A 液中，并用 1～2 mL 无水乙醇对滴管和 B 液烧杯进行洗涤后转入 A 中，持续搅拌得 C 液。

3. 调节 pH

用滴管将配制好的 6 mol/L 的氢氧化钠碱溶液滴入剧烈搅拌的 C 液中，调节酸碱度直至溶液体系 pH = 13（pH 计测量），之后充分搅拌 1.5～2 h，得 D 悬浮液。

4. 装 釜

将所有 D 液倒入 100 mL 聚四氟乙烯内衬的不锈钢反应釜中，拧紧旋盖后将反应釜放入恒温干燥箱中从室温升温至 180 ℃，并在 180 ℃ 下保温 3 d，关闭干燥箱待冷却至室温后取出反应釜。

5. 洗涤、过滤

打开反应釜，倒出全部沉淀，将沉淀先后加入到去离子水/无水乙醇中超声振荡清洗 5 min，使反应中的副产物及杂质充分溶解到上层清液中，静置 10 min 后进行离心分离，倒掉上清液取沉淀，重复 2 次上述操作反复洗涤和分离，纯化沉淀。

6. 干 燥

将步骤 5 中洗净的沉淀放入干燥箱中，设定温度为 100 ℃，在此温度下恒温干燥 5 h，得到 $BaTiO_3$ 纳米粉体。

五、数据分析

1. X射线衍射（XRD）表征结构（见图 13.1）

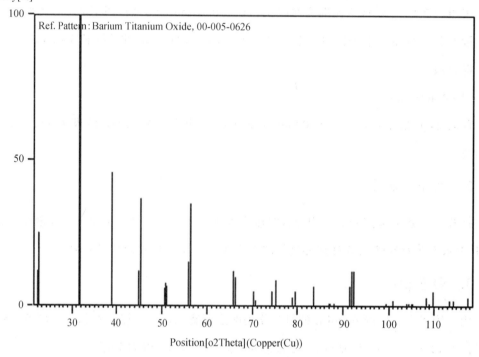

图 13.1　四方相钛酸钡的 XRD 图（软件截图）

2. 扫描电镜（SEM）表征形貌（见图 13.2）

图 13.2　四方相钛酸钡的 SEM 图

3. 注意事项

高压反应釜的使用：装液后安装拧紧螺母时，必须对角对称，多次逐步加力拧紧，用力均匀，不允许釜盖向某侧倾斜，才能达到良好的密封效果，避免安全隐患；每次操作完毕用清洗液清除釜体及密封面的残留物，并于干燥箱中烘干，防止锈蚀。

4．思考题

（1）前驱体中 Ba^{2+}/Ti^{4+} 摩尔比是否会影响所制备的 $BaTiO_3$ 粉体性能？

（2）反应体系中如何调控 $BaTiO_3$ 的尺寸，其粒径的表征方法有哪些？

（3）$BaTiO_3$ 的结构与其铁电性能有何关联？

六、参考文献

[1] 焦更生. 钛酸钡介电陶瓷制备方法及其掺杂改性研究进展[J]. 材料导报，2016，30（27）：260-263.

[2] 丁厚远，商少明，赵贝贝，等. 低温固相法制备亚微米级钛酸钡粉体的研究[J]. 电子元件与材料，2018，37（5）：106-110.

[3] 刘春英，柳云骐，安长华，等. 四方相钛酸钡超细粉体的水热合成研究[J]. 无机盐工业，2012，44（3）：16-19.

[4] 唐培松，王洋，李金花，等. 微波法制备纳米钛酸钡粉体及其表征[J]. 中国粉体技术，2014，20（5）：52-54.

[5] 韩淑芬，陈伟伟，于洁，等. 钛酸钡纳米复合材料制备与性能研究[J]. 无机盐工业，2016，48（12）：19-22.

实验十四　磁铅石型钡铁氧体的溶胶凝胶法制备

【实验导读】

钡铁氧体（$BaFe_{12}O_{19}$）是磁铅石型铁氧体的典型代表，Adelsk 于 1938 年首次合成了六方晶系的磁铅石型钡铁氧体。钡铁氧体具有居里温度高、化学稳定性优异，具有较高的矫顽力和磁能积、饱和磁化强度高、单轴磁晶各向异性等优点，而且还拥有非常好的抗氧化、耐磨损及抗腐蚀性能，同时其原料价廉，其他稀土永磁材料都无法比拟，因而引起了人们的广泛兴趣，是磁性材料领域研究热点之一。

M 型磁铅石 $BaFe_{12}O_{19}$ 在微波吸收材料和垂直磁记录材料方面占据重要地位，被广泛的用作永磁材料、高密度垂直磁记录介质和微波吸收材料等。作为优良的永磁材料，高性能的粉体可以实现机电设备的小型化与高功能化；作为磁记录介质方面的应用，信息的记录是以磁性颗粒为基本单元，粒径较小、性能优异的粉体材料可以实现高密度、高信噪比的记录，是磁记录介质未来的发展方向；而作为微波吸收材料方面的应用，性能优异的微波吸收涂层材料可以更有效地吸收特定雷达频率范围内的电磁波，减小武器系统对雷达目标的反射作用，摆脱雷达的追踪与干扰。

目前为了获得单相均匀的钡铁氧体粉体以进一步提高钡铁氧体材料的磁学性能，需要将钡铁氧体的粒子超细化达到纳米量级，使之形成单畴结构。近年来科研工作者在纳米钡铁氧体材料的制备方法进行了大量研究。

一、实验目的

（1）熟悉 $BaFe_{12}O_{19}$ 铁氧体的结构及性能特点；

（2）掌握 $BaFe_{12}O_{19}$ 铁氧体的溶胶凝胶制备方法；

（3）了解 $BaFe_{12}O_{19}$ 铁氧体的应用领域。

二、实验原理

目前利用低温化学法、微乳液法、化学共沉淀法、玻璃晶化法、球磨法等均可以制备钡铁氧体纳米材料。相较而言，溶胶-凝胶法具有反应温度低、反应过程容易控制、制备的纳米颗粒组分精确、成分均匀等特点，被广泛地应用于各种纳米材料的制备。

本实验中的溶胶-凝胶法是通过络合剂柠檬酸中的羧基与溶液中的金属阳离子（Ba^{2+}、Fe^{3+}）络合而成金属基团进而形成溶胶，通过蒸发溶剂得到凝胶，凝胶在适当温度下自发燃烧成蓬松的粉末，随后进行煅烧即可制备出 $BaFe_{12}O_{19}$ 纳米微粒。

研究发现，与同条件下 Fe/Ba = 10 和 Fe/Ba = 12 的钡铁氧体样品相比，当 Fe/Ba = 11 时有利于 $BaFe_{12}O_{19}$ 的生成，所制备出的钡铁氧体样品具有更高的饱和磁化强度。

三、实验仪器与试剂

1. 仪 器

（1）磁力加热搅拌器；

（2）恒温干燥箱（～300 ℃）；

（3）恒温水浴锅（～100 ℃）；

（4）电子天平（0.001 g）；

（5）pH 计（0-14）；

（6）马弗炉（～1 300 ℃）；

（7）烧杯、量筒、滴管。

2. 试 剂

（1）硝酸钡[$Ba(NO_3)_2$]，AR 级；

（2）硝酸铁[$Fe(NO_3)_3 \cdot 9H_2O$]，AR 级；

（3）柠檬酸（$C_6H_7O_8$），AR 级；

（4）氨水（$NH_3 \cdot H_2O$），25%；

（5）去离子水，自制。

四、实验步骤

1. 称量、溶解

（1）按摩尔比 $Ba^{2+} : Fe^{3+} = 1 : 11$ 用电子天平称取适量的 $Ba(NO_3)_2$ 和 $Fe(NO_3)_3 \cdot 9H_2O$，并溶解于适量去离子水中，得 A 液；

（2）按摩尔比 $C_6H_7O_8 : (Ba^{2+}+Fe^{3+}) = 1.5 : 1$ 计算并准确称量相应质量的 $C_6H_7O_8$。

2. 反应

将 A 液置于磁力搅拌器上放入磁子进行搅拌，并将准确称量好的 $C_6H_7O_8$ 加入到 A 液中，持续搅拌至 $C_6H_7O_8$ 完全溶解，得 B 液。

3. 调 pH

将浓度为 25% 的 $NH_3 \cdot H_2O$ 溶液滴加到不停搅拌的 B 液中，调节溶液体系 pH = 7～11（pH 计测量），并水浴加热至 80 ℃。

4. 蒸发

在 80 ℃ 水浴条件下继续搅拌，使体系中的溶剂均匀缓慢的蒸发，直至溶液变为粘稠状。

5. 干燥、自燃烧

将步骤 4 所得粘稠状溶胶放入恒温干燥箱中于 250 ℃ 干燥为凝胶，并在此温度下使干凝胶发生自燃烧，形成蓬松的烟灰状粉末。

6. 煅烧

最后将烟灰状粉末放入马弗炉中在 800～1 000 ℃ 温度下煅烧 1 h，随炉冷后得到纳米钡铁氧体样品。

五、数据分析

1. 对比分析

各小组可自行选择不同 pH、不同煅烧温度来制备磁铅石 $BaFe_{12}O_{19}$ 粉体，将实验条件和结果记录于表 14.1 中，通过各小组的结果对比分析得出最佳合成条件。

表 14.1　$BaFe_{12}O_{19}$ 粉体的制备条件及结果

pH 值	7	8	9	10	11
物相组成					
煅烧温度（℃）	800	850	900	950	1 000
物相组成					

2. X 射线衍射（XRD）表征结构（见图 14.1）

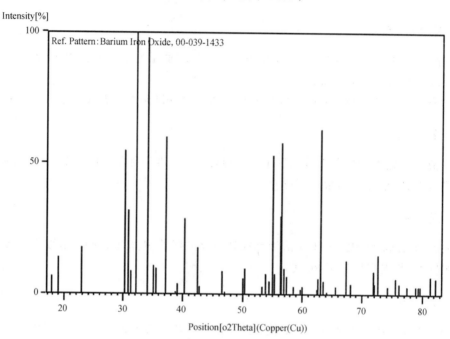

图 14.1　六方型 $BaFe_{12}O_{19}$ 粉体的 XRD 图（软件截图）

3. 注意事项

（1）柠檬酸为一种三元酸，其在水中的电离分三步进行：

$$H_3Cit \Leftrightarrow H_2Cit^- + H^+ \qquad ①$$

$$H_2Cit^- \Leftrightarrow HCit^{2-} + H^+ \qquad ②$$

$$HCit^{2-} \Leftrightarrow Cit^{3-} + H^+ \qquad ③$$

通过滴加氨水来调节溶液的 pH 值，可以创造一个促进柠檬酸进行电解的环境，柠檬酸的充分电解才能保障溶液中有足量的柠檬酸离子与 Ba^{2+}，Fe^{3+} 离子络合，络合后使 Ba^{2+}，Fe^{3+} 在溶液中形成稳定的配合物，才能有利于 $BaFe_{12}O_{19}$ 的生成，因此体系中的 pH 不能低于 7。

（2）钡铁氧体的纯净度决定其磁性能的优劣，应注意煅烧温度的选择。溶胶凝胶法的煅烧温度较低，但应适当控制煅烧温度范围才能制备出单一相的 $BaFe_{12}O_{19}$，此范围在 800 ℃以上。温度为 700 ℃ 时开始有 $BaFe_{12}O_{19}$ 生成，但其中伴有不需要的 $α$-Fe_2O_3 和 $BaFe_2O_4$ 等杂相，在温度达到 750 ℃ 时，$α$-Fe_2O_3 与 $BaFe_2O_4$ 继续反应形成主晶相 $BaFe_{12}O_{19}$。

4．思考题

（1）反应体系的 pH 将如何影响 $BaFe_{12}O_{19}$ 的合成？

（2）柠檬酸在体系中的作用是什么，其含量将如何影响 $BaFe_{12}O_{19}$ 的性能？

（3）M 型 $BaFe_{12}O_{19}$ 有哪些方面的应用？

六、参考文献

［1］ 汤铨，卢琴，孙历娜，等. 溶胶-凝胶法制备纳米钡铁氧体磁性能[J]. 稀有金属材料与工程，2010，39（增 2）：372-375.

［2］ 潘伟伟，韩瑞，刘锦宏，等. 溶胶-凝胶法制备的钡铁氧体的微结构和磁性能[J]. 兰州大学学报（自然科学版），2010，46（4）：101-105.

［3］ 葛洪良，陈强，王新庆，等. 纳米钡铁氧体的制备与磁性研究[J]. 稀有金属材料与工程，2008，37（增 2）：440-443.

［4］ 田书雅，张小平，王军. 热处理对纳米钡铁氧体磁性的优化研究[J]. 人工晶体学报，2015，44（6）：1 637-1 642.

［5］ Liu Tingtin, Ni Binjie, Zhang Pengyue, et al. Research on the Magnetic Properties of BaFexO19 (x = 11 ~ 13) Ferrites Prepared by Citrate Sol-Gel Process[J]. Rare Metal Materlals and Engineerng，2012，41(3): 536-539.

实验十五　$Ca_2Si(O_{4-x}N_x)：Eu^{2+}$ 绿色荧光粉的制备

【实验导读】

LED 在可见光领域，主要发红、橙、黄、蓝、绿等单一颜色的光。而对于普通照明来说，人们更需要白光，但是单一的 LED 芯片是无法实现的。因此，需要多种颜色的光复合而获得白光，目前实现白光 LED 主要通过荧光粉转换的方式，即 LED 芯片与不同颜色的发光材料组合，常用的组合方式有二种：第一种组合方式为蓝光 LED 芯片与黄色荧光粉组合，蓝光 LED 芯片与红绿色硫化物荧光粉组合，即 LED 芯片发出的蓝光与被蓝光激发的发出黄光或红绿光的荧光粉组合，实现白光输出；第二种组合方式为紫外或近紫外 LED 芯片与三基色荧光粉组合，紫外或近紫外 LED 芯片与单一基质荧光粉组合实现白光输出。目前常用的主要是第一种组合方式，尤其蓝光 LED 芯片与日本日亚化学公司生产的黄色荧光粉 YAG：Ce^{3+}，而第二种组合方式由于对荧光粉的要求更为苛刻，在生活中应用还不多，但因其显示指数好，发光效率高等优点，而受到人们的广泛关注。总之，两种组合方式的发光机理不同，也有各自的利弊、优缺点。

白光 LED 用荧光粉的光转换实现要求，荧光粉不仅要满足能被 LED 芯片所发波长激发，而且要具有高的光转化率，抗高温猝灭性，物理化学性能稳定，抗潮性，颗粒均匀且粒径较小的特性。目前，白光 LED 用荧光粉的常用体系有铝酸盐体系、硫化物体系、硅酸盐体系、氮氧化物体系、钼钨酸盐体系等，每个体系都有其优缺点。

硅酸盐系荧光粉由于其良好的稳定性、结晶性、透光性及较高的发光效率等近年来深受人们关注，目前白光 LED 用硅酸盐绿色荧光粉常用的激活离子为 Eu^{2+} 及 Ce^{3+}，常用制备方法为高温固相法。固相法焙烧温度高，保温时间较长，且原料混合不均匀，使得制备的荧光粉颗粒尺寸较大，粒径分布不均匀，致密度较差，从而影响荧光粉的发光性能。在硅酸盐系荧光粉中正硅酸盐体系 M_2SiO_4：Eu^{2+}（M = Ca、Mg、Ba、Sr）研究最多，Eu^{2+} 离子由于其裸露在外的 5d 轨道，易受晶体场环境、电子云重排效应的影响，使其颜色可随基质的改变而发生改变，实现多种颜色的发射，是白光 LED 用荧光粉最常用的一种稀土离子。本实验利用溶胶凝胶法制备了 Ca-Si-O 前驱体，通过前驱体和 Si_3N_4 粉末混合焙烧制备新型 $Ca_2Si(O_{4-x}N_x)$：Eu^{2+} 绿色荧光粉。

一、实验目的

（1）了解几种常见的制备荧光粉的方法；
（2）掌握 $Ca_2Si(O_{4-x}N_x)$：Eu^{2+} 绿色荧光粉的制备原理；
（3）掌握高温管式炉的使用方法；
（4）了解温度对 $Ca_2Si(O_{4-x}N_x)$：Eu^{2+} 绿色荧光粉晶体结构的影响；
（5）了解 Si_3N_4 含量对 $Ca_2Si(O_{4-x}N_x)$：Eu^{2+} 绿色荧光粉晶体形貌的影响。

二、实验原理

采用溶胶凝胶法制备的荧光粉分散性好，颗粒均匀且粒径较小，是一种湿化学合成方法。目前对于 Ca_2SiO_4：Eu 荧光粉的制备主要采用高温固相法，用高温固相法合成的 Ca_2SiO_4：Eu 荧光粉存在颗粒不均匀，晶粒粒径较大，在研磨时造成晶体表面缺陷等问题，而使得其发光性能下降。因此，为解决上述现象，采用溶胶凝胶法制备荧光粉，其制备原理为：

选用正硅酸乙酯作为醇盐，在水和乙醇的溶液中，正硅酸乙酯发生水解和聚合反应，形成三维网状结构的溶胶溶液。

水解反应：$Si(OR)_4+H_2O \rightarrow Si(OH)_4+4ROH$（$R = CH_2CH_3$）

聚合反应：$-Si-OH+HO-Si- \rightarrow -Si-O-Si-+H_2O$

$\qquad\qquad -Si-OR+HO-Si- \rightarrow -Si-O-Si-+ROH$

经过水解和聚合反应生成的 Si-O-Si 三维网状结构与金属离子反应，得到 Si-O-M-O-Si 网络结构。

与金属离子反应：$-Si-O-Si-+Ca^{2+} \rightarrow Si-O-Ca-O-Si$

通过上面过程获得 Ca-Si-O 前驱体，而本文采用一步法制备了绿色荧光粉 $Ca_2Si(O_{4-x}N_x)$：Eu^{2+}，该 Eu^{2+} 的还原是利用 Si_3N_4 粉末的加入，即将 Si-O-Ca-O-Si 结构的干凝

胶直接与 Si_3N_4 粉末混合焙烧，在高温下，N^{3-} 进入基质中，取代部分 O^{2-}，形成 Si-（O，N）空间结构，其反应可能为：Si-O-Ca-O-Si+Si-N→$Ca_2Si(O_{4-x}N_x)$。

三、实验仪器与试剂

1. 仪 器

（1）电热鼓风干燥箱；

（2）电子恒温水浴锅；

（3）电子分析天平（0.000 1 g）；

（4）恒温磁力搅拌器；

（5）数字 pH 调节仪；

（6）高温管式炉；

（7）X 射线衍射仪；

（8）扫描电子显微镜；

（9）刚玉坩埚；

（10）陶瓷研钵。

2. 试 剂

（1）正硅酸乙酯 TEOS（$C_8H_{20}O_4Si$），AR 级；

（2）硝酸钙[$Ca(NO_3)_3 \cdot 4H_2O$]，AR 级；

（3）硝酸铕[$Eu(NO_3)_3 \cdot 6H_2O$]，AR 级；

（4）氮化硅（Si_3N_4），AR 级；

（5）无水乙醇（CH_3CH_2OH），AR 级；

（6）硝酸（HNO_3），AR 级；

四、实验步骤

1. 溶剂配置

用量筒称取一定比例的去离子水和无水乙醇（去离子水和无水乙醇的体积比为 1：3），将两者倒入烧杯中并混合均匀。

2. 溶 解

以硝酸钙（$CaN_2O_6 \cdot 4H_2O$）、硝酸铕（$EuN_3O_9 \cdot 6H_2O$）为原料，按照一定的化学计量比称取原料，其中 Eu 的摩尔值为占 Ca 的摩尔值，将硝酸钙和硝酸铕放入水和乙醇的混合溶液中，搅拌溶解形成均匀混合溶液。

3. 调节 pH

用稀硝酸调节溶液 pH 值至 3。

4. 正硅酸乙酯的水解

称取一定量的正硅酸乙酯（$C_8H_{20}O_4Si$），将上述溶液缓慢倒入正硅酸乙酯中，搅拌 1 h 左右，使其充分水解，得到溶胶溶液。

5. 凝胶化

将溶胶溶液放入 60 ℃ 恒温水浴锅中，水浴 4 h 左右，形成透明状凝胶。

6. 干　燥

将凝胶放入电热鼓风干燥箱中，在 120 ℃ 保温 12 h 以上，获得干凝胶前躯体。

7. 加入 Si_3N_4 混合研磨

干凝胶前躯体在研钵中研磨成粉末，加入 Si_3N_4 粉末，将两者研磨均匀，放入刚玉坩埚中。

8. 焙　烧

放入高温管式炉中，在氮气保护气氛下于 1 100 ℃ 焙烧 2 h 左右，随炉冷却后，取出产物研磨，最终获得所需产物 $Ca_2Si(O_{4-x}N_x)$ ∶Eu^{2+} 绿色荧光粉。

五、数据分析

1. X 射线衍射（XRD）表征结构（见图 15.1）

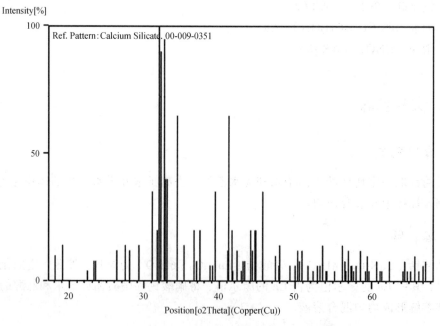

图 15.1　单斜相 Ca_2SiO_4 的 XRD 图（软件截图）

2．扫描电镜（SEM）表征形貌（见图 15.2）

S-3400N 15.0 kV 4.8 mm×5.00 k SE　　　　10.0 μm

图 15.2　Ca$_2$Si(O$_{3.36}$N$_{0.64}$)∶Eu^{2+}荧光粉的晶体形貌图

3．注意事项

（1）高温管式炉开启之前先通气，调整氮气流量适中，确保出气口有氮气逸出后才能开启加热键；

（2）管口密封法兰重量较大，开启及关闭密封法兰时注意不要让其跌落；

（3）放置刚玉坩埚时，应使其处于管式炉炉膛中心位置。

4．思考题

（1）pH 值对荧光粉的晶体结构、形貌有无影响？

（2）如何改进实验制备方法，使荧光粉形貌更好？

（3）思考 Eu^{3+}→Eu^{2+}的还原机理。

六、参考文献

［1］游维雄，肖宗梁，赖凤琴，等. Eu^{3+}掺杂 Gd$_4$Zr$_3$O$_{12}$红色荧光粉的制备及其发光性能研究[J]. 中国稀土学报，2016，34（01）：11-16.

［2］彭霞，李淑星，刘学建，等. Sr$_2$Si$_5$N$_8$:Eu^{2+}荧光粉的制备及其发光性能研究[J]. 无机材料学报，2014，29（12）：1 281-1 286.

［3］周仁迪，黄雪飞，齐智坚，等. Ca$_2$SiO$_{4-x}$N$_x$:Eu^{2+}绿色荧光粉的制备及其发光性能[J]. 物理学报，2014，63（19）：333-338.

［4］何晓林，杨定明，胡文远，等. Li$_2$ZnSiO$_4$:Eu^{3+}红色荧光粉的制备及其发光性能[J]. 硅酸盐学报，2014，42（03）：309-313.

［5］齐智坚，黄维刚. 白光 LED 用 Ca$_3$Si$_3$O$_9$:Dy^{3+}荧光粉的制备及其发光性能[J].物理学报，2013，62（19）：466-470.

实验十六　稀土 Tb 配合物晶体及纳米材料的制备

【实验导读】

配合物是以提供空轨道的金属离子为中心，通过有机配体桥联形成的具有零维、一维、二维和三维拓扑结构的配位化合物。其兼备了无机和有机高分子化合物两者的特点，是一类非常重要的无机-有机杂化材料。目前具有特定功能或多种功能的配合物的研究已经成为跨材料科学、生命科学、物理、生物和化学等诸多学科领域的交叉学科，并沿着广度、深度和应用三个方向迅猛发展。

有机配体的种类、金属离子的选择以及配位方式的多样性将会促进结构丰富的配合物材料的合成。此类材料除具有气体吸附与分离等与孔道率和高比表面密切相关的特性之外，还具有良好的磁学、催化、非线性光学及荧光等与先进功能材料相关的性能。

大量的研究结果表明，要得到拓扑结构丰富的功能配合物材料，合适的有机配体和金属离子的选择是成功的前提。目前，文献中研究较多的配体是含羧酸类配体、含氮配体和含氮杂环羧酸类配体，其中含羧酸类配体是一种分子结构中含有负一价氧配位点羧基基团的有机桥联配体。此类配体拥有十分丰富的配位模式，可以组装成多变复杂的空间结构，且 O 原子既可以与过渡金属配位，又能与稀土金属配位，因此是一类备受研究者青睐的有机配体。

其中，芳香多羧酸具有以下优点：第一、羧基在苯环所处的位置多种多样，空间取向灵活，可以提供多个配位点，容易结合多个金属离子；第二、羧基可以采用多种配位模式结合金属离子，如单齿、双齿、螯合和桥联模式；第三、芳香多羧酸可以不同程度的去质子化，羧基作为给体或受体形成氢键，从而形成超分子材料。

作为中心原子的稀土金属元素的原子半径较大，且电正性较高，相对于过渡金属元素来说有较为复杂的配位模式，易于形成结构独特，性能较好的材料。且稀土金属配合物材料在催化、磁性和发光等方面具有十分诱人的应用潜能。

自 2000 年第一例配合物——普鲁士蓝纳米化以来，配合物的纳米化受到研究者越来越多的关注，因为在特定应用中不仅需要大块的晶状固体材料，而且还需要纳米尺寸的微型材料，且纳米尺寸的配合物通常比宏观的样品性能更优。例如，纳米化以后的材料其结构的孔隙度和比表面有所增加，传质限制有所减少，从而能够提高催化剂的活性以及加快传感器应用中的响应时间。目前，配合物的纳米化方法通常有表面活性剂辅助的水热/溶剂热法、微波辅助合成法、超声辅助合成法、微乳液法、反相微乳液法、沉淀法和界面合成法等。纳米级配合物的形状包括零维（0D）的纳米块、纳米球和纳米片等，一维（1D）的纳米棒、纳米带、纳米线和纳米管等，以及二维（2D）的纳米膜。

一、实验目的

（1）熟悉金属配合物材料的水热/溶剂热法合成的原理及方法；

（2）了解晶体配合物的纳米化的一般方法；

（3）掌握电热鼓风干燥箱的使用；

（4）掌握体视显微镜的使用。

二、实验原理

水热/溶剂热法是在密闭反应容器中，采用液体溶液作为反应介质，通过对反应容器加热，创造一个高温、高压反应环境，使得通常难溶或不溶的物质溶解并且重结晶的一种材料的合成方法。在高压或高温条件下，溶剂的蒸气压、表面张力、密度、离子积等理化性质都有可能发生改变。此方法是将准确称量好的原料和溶剂放入反应釜中，在电热鼓风干燥箱中经历程序升温过程，恒温过程和程序降温过程。这样原料在升温过程中发生配位变化，而温度降低时晶体材料从超临界状态逐渐析出。水热/溶剂热法的优点：高效简单、低能耗、无污染等，符合我国提倡的绿色化学理念。同时结晶生长装置简单、晶体易形成、具有很强的可操作性和可调变性。

本实验选用 5,5′-（ethane-1，2-diylbis（oxy））diisophthalic acid（H_4edc）为配体，与稀土金属 Tb 发生配位反应。众所周知，稀土金属易于与 O 原子配位，因此，本实验中选用的四羧酸配体具有多个配位点和丰富的配位模式，能够与稀土金属 Tb 形成结构迷人、功能强大的配合物材料。本实验通过溶剂热法，不需任何辅助手段，仅仅调节反应物的浓度和反应时间，在不加任何表面活性剂条件下实现了配合物材料从晶体到纳米的转化，成功制备纳米配合物。

三、实验仪器及试剂

1．仪　器

（1）分析天平；

（2）小玻璃瓶（带内外盖，8 mL）；

（3）移液枪；

（4）聚四氟乙烯带；

（5）电热鼓风干燥箱；

（6）烧杯（50 mL）；

（7）体视显微镜。

2．试　剂

（1）羧酸配体 5,5′-（ethane-1,2-diylbis（oxy））diisophthalic acid（H_4edc），AR 级；

（2）六水和硝酸铽[$Tb(NO_3)_3 \cdot 6H_2O$]，AR 级；

（3）无水乙醇（CH_3CH_2OH），AR 级；

（4）N,N-二甲基甲酰胺（C_3H_7NO，DMF），AR 级；

（5）蒸馏水。

四、实验步骤

1. 晶体配合物的制备

（1）准确称取 0.017 6 g（0.05 mmol）配体 H_4edc 和 0.045 3 g（0.1 mmol）金属盐 $Tb(NO_3)_3 \cdot 6H_2O$ 装入 8 mL 的小玻璃瓶中。

（2）用移液枪分别移取 3 mL 无水乙醇、1 mL DMF 和 0.5 mL H_2O 加入已称量好药品的小玻璃瓶中。

（3）将小玻璃瓶塞好内盖，拧紧外盖，用聚四氟乙烯带密封，随后放入电热鼓风干燥箱中。

（4）设置电热鼓风干燥箱的程序，使程序运行为用 3 h 时间从室温升高到 80 ℃，在 80 ℃ 恒温 3 d，然后以 1 ℃/h 的降温速率降到室温。

（5）将小玻璃瓶中的产物取出，分别用蒸馏水和无水乙醇洗涤，自然风干或低温（50 ℃）烘干。

（6）在体视显微镜下观察材料的大小及形貌。得到无色针状的透明晶体材料。此材料的分子式为 $\{[Tb_2(NO_3)_2(edc)(DMF)_4] \cdot 2DMF\}_n$，分子量为 1 211.61（$Tb_2C_{33}H_{47}N_7O_{22}$）。

（7）称量产物的质量，依据配体 H_4edc 计算产率。

2. 纳米配合物的制备

（1）准确称取和移取基于 H_4edc 计算的浓度为 0.6 mmol/L 的反应物（H_4edc 和 $Tb(NO_3)_3 \cdot 6H_2O$ 的摩尔比为 1：2，CH_3CH_2OH、DMF 和 H_2O 的体积比为 6：2：1）加入到小玻璃瓶中，密封。（称取 4 个反应，并贴好标签）

（2）将密封好的小玻璃瓶放入电热鼓风干燥箱中，设置电热鼓风干燥箱的程序，使程序运行为用 3 h 时间从室温升高到 80 ℃，在 80 ℃ 恒温 6 d。

（3）当恒温 24 h 时取出 1 号反应物，使其自然降温；当恒温 48 h 时取出 2 号反应物，使其自然降温；当恒温 72 h 时取出 3 号反应物，使其自然降温；当恒温 6 d 时取出 1 号反应物，使其自然降温。

（4）将得到的 4 种产物分别用 DMF 反复洗涤、离心分离得到白色粉末。

（5）称量产物的质量，依据配体 H_4edc 计算产率。

五、数据分析

1. X-射线单晶衍射测试表征

本方法制备的稀土 Tb 配合物结晶于三斜晶系，*P*-1 空间群，其最小不对称单元中包含两个晶体学独立的 Tb^{3+} 离子、一个配体 edc^{4-} 阴离子、两个配位的 NO_3^-、四个配位的 DMF 分子和一个游离的 DMF 客体分子和一个游离的 H_2O 水分。Tb 离子之间通过配体桥联形成三维框架结构，如图 16.1 所示。

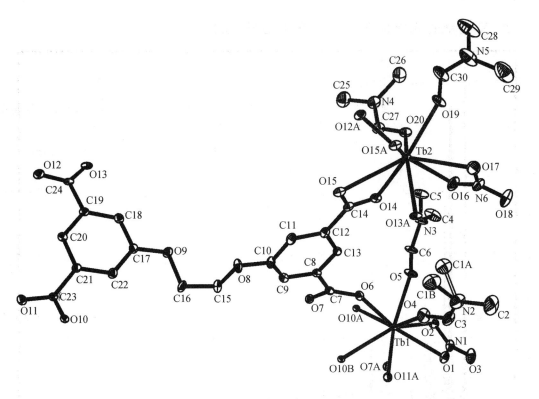

（a）配位环境图

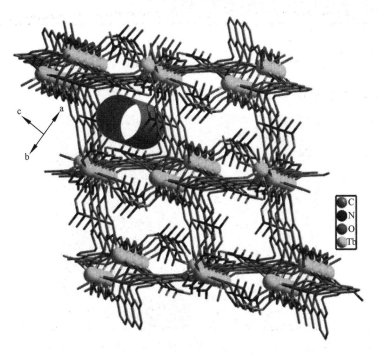

（b）三维框架图

图 16.1　稀土 Tb 配合物的配位环境图和三维框架图

2. X-射线粉末衍射表征相纯度（见图 16.2）

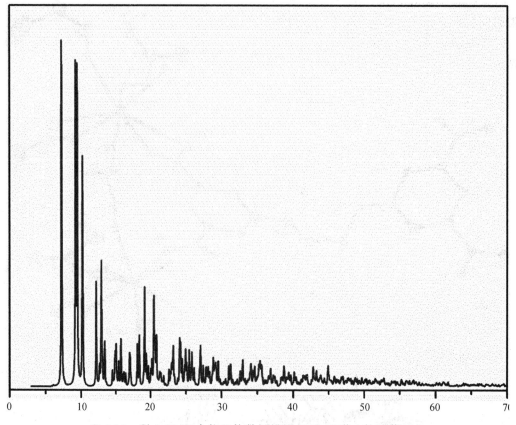

图 16.2　稀土 Tb 配合物晶体数据模拟 XRD 图谱（软件截图）

3. SEM 表征纳米配合物的大小及形貌（见 16.3）

图 16.3　不同反应时间稀土 Tb 纳米配合物的 SEM 图

4. 注意事项

（1）本实验中固体药品的称量一定及溶剂的量取一定要精确无误，因为金属盐和配体的比例以及溶剂的比例都会对配合物的结构和纯度产生影响；

（2）开启电热鼓风干燥箱前一定要确保电热鼓风干燥箱的程序设置正确，因为升温速率、保温时间特别是降温速率会严重影响配合物的晶体结构及形貌；

（3）在制备晶体配合物时，电热鼓风干燥箱在开启之后不能随意打开箱门，以防热量散失造成不良后果；

5．思考题

（1）本实验中的反应容器是小玻璃瓶，可不可以用高压反应釜代替？

（2）用聚四氟乙烯带密封的作用是什么？

（3）本实验不加表面活性剂就能得到纳米配合物有什么优点？

（4）不同的反应时间对纳米配合物的形貌及大小有什么影响？

六、参考文献

［1］赵仑，赵长江，李红兴，等. 两种双核金属锰（Ⅱ）配合物的合成与结构研究[J]. 分子科学学报，2017，33（02）：146-152.

［2］张亚男，张鹏，殷海菊，等. 基于3-（3-羧基-苯氧基）邻苯二甲酸与Cd（Ⅱ）的配位聚合物的合成、结构及性质[J]. 陕西科技大学学报，2017，35（03）：101-105.

［3］季甲，侯银玲，陈宇宇，等. 单核稀土Gd配合物的合成及表征[J]. 化学研究，2017，28（2）：258-262.

［4］和帅. 吡唑羧酸金属有机配合物的合成、结构及其性能表征[D]. 南昌：南昌航空大学，2016.

［5］侯银玲. 新型配位聚合物的合成及光、磁性能研究[D]. 天津：天津大学，2014.

［6］HOU Y L, XU H, CHENG R R, et al. Controlled lanthanide–organic framework nanospheres as reversible and sensitive luminescent sensors for practical applications [J]. Chem. Commun. 2015, 51(31): 6 769-6 772.

实验十七　溶胶凝胶法制备 PTC 热敏电阻材料

【实验导读】

PTC 热敏电阻材料由于其独特的电阻-温度特性，具有发热、温度感应、自动感应与控制等功能，现已广泛应用于汽车、电子、通讯、输变电工程、空调暖风机工程、安全型家用电器以及消磁、过流保护和过热保护等领域。经过半个多世纪的发展，PTC 热敏电阻已成为铁电陶瓷中继陶瓷电容器及压电陶瓷之后的另一类广泛应用的产品。随着科技的进步和社会经济的发展，电子产品的应用越来越广泛和普及，人们的环保意识也逐渐增强，环境友好型的电子产品正越来越受青睐。

钛酸钡是一种性能优异的强介电和铁电材料，被广泛用于热敏电阻器（PTCR）、多层陶瓷电容器（MLC）和电光器件、压电换能器等电子元器件的制造，被誉为"电子工业的支柱"。同时，钛酸钡（即 $BaTiO_3$）是良好的 PTC 热敏电阻材料。目前常见钛酸钡材料制备方法中，实验室常用的制备方法有溶胶凝胶法、固相法，水热法，沉淀法等。传统的钛酸钡粉体一般以 $BaCO_3$ 和 TiO_2 为原料，在 1 000 ~ 1 200 ℃ 之间经长时间固相烧结反应而成。由于其工艺过程复杂，不仅造成颗粒团聚，晶粒粗大，而且在研磨过程中易混入杂质，不能满足现代电子元器件高性能、微型化的需要。近年来，由于水热法制备的粉体晶粒发育完整，粒度分布均匀，颗粒之间很少团聚，故其工艺一直是材料领域的研究热点。由于水热法反应要在高温反应釜中进行，温度高压力大，工业化大量生产存在一定的困难。传统的溶胶凝胶制备工艺条件控制苛刻；且制备材料过程中受到多种因素干扰，对得到的产物有很大的影响。非水解溶胶-凝胶技术指的是不经过金属醇盐水解的过程，直接由反应物缩聚成为凝胶的一种技术。采用非水解溶胶-凝胶法制备硫掺杂钛酸钡材料，具有其制备工艺简单，且更有利于原子级均匀混合，使氧化物合成温度降低等特点，改变传统溶胶凝胶法制备过程工艺控制条件难，溶剂需要在一定 PH 条件下和部分原料价格昂贵等缺点。

为得到性能更优的钛酸钡材料，众多的研究人员常在制备过程中选择通过掺杂改性将钛酸钡与金属或稀土金属掺杂形成掺杂型钛酸钡材料，其目的是改进钛酸钡材料机能，让其得到得更广的应用。就目前钛酸钡材料掺杂研究进展来看，钛酸钡掺杂主要是以金属和稀土金属为主。非金属掺杂钛酸钡材料的研究涉及以磷作掺杂源进行掺杂钛酸钡研究，探究磷掺杂对钛酸钡粉体煅烧温度和介电性能的影响；结果显示掺杂后烧结温度下降、介电性能提高。本实验设计合成 S 改性钛酸钡热敏电阻材料。

一、实验目的

（1）了解钛酸盐热敏电阻材料的几种制备方法；
（2）掌握溶胶-凝胶法制备钛酸钡介电陶瓷的基本原理及制备方法；
（3）掌握溶胶-凝胶法制备 S 改性钛酸钡热敏电阻材料的基本原理及制备方法；
（4）了解钛酸盐热敏电阻材料的应用领域；
（5）学会陶瓷镀镍技术制备半导体电极。

二、实验原理

众所周知，$BaTiO_3$ 晶格为典型的钙钛矿结构，钛离子有 6 个氧与之配位，钡离子有 12 个氧与之配位，氧离子有 4 个钡离子、2 个钛离子与之联接。如果钛离子占据晶胞的体心，氧离子则位于晶胞的面心，钡离子位于晶胞的各个顶点。钛离子位于氧八面体的中心，八面体之间以顶角相连，构成了钛氧离子链。当温度超过 T_c 时，$BaTiO_3$ 从四方的铁电晶型转变为立方顺电晶型。

钛酸钡材料中钛是以 6 价态与氧结合形成钛氧键，结合非金属硫（S）元素的价态分析发现硫（S）元素其核外最外层电子有 6 个，既能得到两个电子显示负二价也能失去电子呈现正 4 价和正 6 价，是一种多价态元素。国内有报道，将硫元素与其他非金属化合形成多价态在与金属复合得到电池材料，最早有研究表明硫可以是锂硫电池的正极材料，与锂结合制得锂-硫电池材料其导电能力超过锂电池的 2 倍以上。国内也有将硫与二氧化钛掺杂，制作二氧化钛光敏材料进行改性研究的报道。

三、实验仪器与试剂

1. 仪　器

（1）智能磁力搅拌器；
（2）恒温干燥箱（～300 ℃）；
（3）扫描电镜；
（4）高温节能马弗炉（～1 400 ℃）；
（5）电子分析天平（～0.000 1 g）；
（6）循环水式真空泵；
（7）台式粉末压片机（～60 MPa）。

2. 试　剂

（1）乙酸钡（$C_4H_6BaO_4$），AR 级；
（2）钛酸丁酯[$Ti(OC_4H_9)_4$]，AR 级；
（3）丙三醇（$HOCH_2CHOHCH_2OH$），AR 级；
（4）硫代硫酸钠（$Na_2S_2O_3$），AR 级。

四、实验步骤

1. 称　量

按物质的量的百分比选取 Ba：Ti：S 为 1：$(1-x)\%$：x，其中 $x=0.2\%$，0.15%，0.1%，0.05%，得出实验所用乙酸钡、钛酸丁酯、硫代硫酸钠的质量或体积。

2. 混　合

准确量取一定物质的量钛酸丁酯转移至烧杯中，量取 15 mL 丙三醇与之混合搅拌 10 min 得到钛酸丁酯的醇溶液放置备用，同时添加硫源。

3. 搅 拌

称取一定物质的量乙酸钡置于烧杯中，量取 25 mL 丙三醇与之混合放置于通风橱中 190 °C 搅拌，直至溶液澄清透明。

4. 变色反应

将钛、硫醇溶液转移至钡醇溶液中，继续在通风橱中搅拌 15 min，钡醇溶液由无色变为淡蓝色，随着搅拌的时间延长 5 min 后蓝色变为淡黄色，10 min 后淡黄色变为浅棕色，12 min 时溶液变为深褐色，此后混合液颜色不在有颜色变化，将加热搅拌后烧杯中的混合液倒入三口烧瓶 110 °C 温度下回流 24 h。

5. 预烧、压片

将回流液在 190 °C 下蒸干，得到钛酸钡干凝胶。1 200 °C 下预烧 5 h，将预烧后得到的钛酸钡粉体充分研磨后压片。

6. 烧 结

将压制所得圆片在 1 280 °C 下烧结 3 h 形成陶瓷。

7. 制作电极

陶瓷圆片两面均匀镀镍，制作镍电极热敏电阻材料。

五、数据分析

1. XRD 物相、结构分析（见图 17.1）

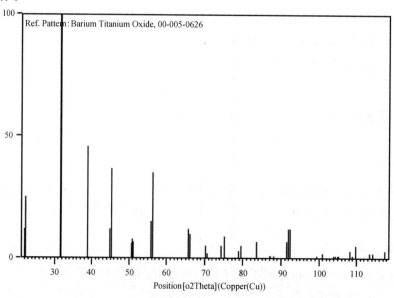

图 17.1　$BaTiO_3$ 的 XRD 图（软件截图）

2. SEM 表面形貌表征（见图 17.2）

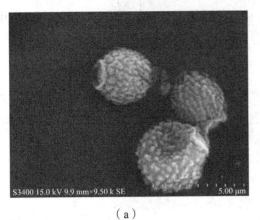
（a）

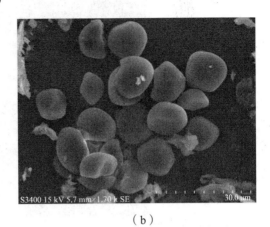
（b）

图 17.2　不同 x 值下改性 $BaTiO_3$ 可能的微观形貌图

3. X 射线能谱分析仪（EDS），表征材料组成元素（见图 17.3）

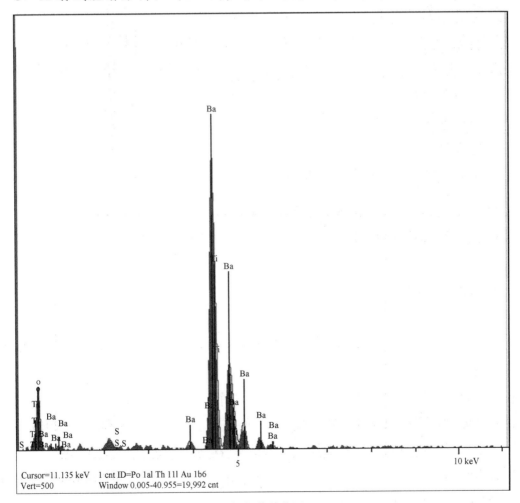

（a）软件截图

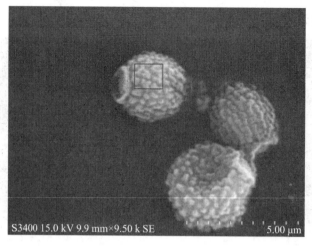

（b）

图 17.3　改性 $BaTiO_3$ 的能谱图

4．注意事项

（1）钛源、钡源、硫源应充分混合搅拌，至颜色不再加深时再进行回流操作。

（2）回流时温度不宜过高，回流温度以刚好沸腾为佳。同时，为避免蒸汽挥发造成液体过早蒸干并形成环境污染，可增加冷凝管数量或长度。

（3）陶瓷片镀镍时要保证涂层均匀，厚度一致。

5．思考题

（1）预烧温度及烧结温度是如何确定的？

（2）硫元素掺杂进入钛酸钡材料中可替换哪种元素？

（3）预烧之后的钛酸钡粉体中最可能含有的杂质或者副产物是什么？

六、参考文献

[1]　郑红娟. 溶胶-水热法制备钛酸钡陶瓷粉体及性能研究[D]. 南京：南京航空航天大学，2013.

[2]　王雪健. 超细钛酸钡固相法制备与表征[D]. 山东：山东大学，2015.

[3]　田红梅. 溶胶-凝胶法制备纳米钛酸钡工艺研究[D]. 武汉：武汉工程大学，2010.

[4]　王小芳. 浅谈电子陶瓷发展现状与趋势[J]. 佛山陶瓷，2017，06（27）：6-8.

[5]　邵志鹏，江伟辉，冯果，等. 沉淀法和 NHSG 法制备钛酸钡纳米粉体的对比研究[J]. 陶瓷学报，2016，01（37）：44-48.

实验十八　锂离子电池正极LiMnPO₄/C复合材料的制备

【实验导读】

锂离子电池平均输出电压高、能量密度大、自放电小、循环性能好、可快速充放电，同时由于锂离子电池含有毒物质少，对环境的污染较小。由于锂离子电池具有以上优点，其被广泛应用于手机、平板电脑等电子数码产品。近年来，随着新能源汽车的大力发展，锂离子电池更是作为电动汽车的首选电源而备受关注。锂离子电池在商业化的二次电池中具有最高的能量密度，已成为未来电动汽车和混合电动汽车的首选动力电源。锂离子电池一般由正极材料、隔膜、负极材料、电解液、电池外壳五部分组成。其中正极材料是锂离子电池中最为关键的部分。锂离子电池正极材料物理、化学性能的提升，能很大程度上提高锂离子电池的性能，推动锂离子电池的发展。现阶段应用最广泛的正极材料有钴酸锂、锰酸锂、磷酸铁锂和镍钴锰酸锂等。

具有高容量和高电压的正极材料是锂离子电池获得高能量密度的关键。传统磷酸铁锂正极材料理论比容量为 $170 \ mA \cdot h/g$，结构稳定、循环性能与安全性能好，然而其工作电压只有 $3.4 \ V$，难以满足未来电动汽车市场对电池能量密度的需求。

$LiMnPO_4$ 与 $LiFePO_4$ 具有相同的橄榄石结构、相近的理论比容量（ $171 \ mA \cdot h/g$ ）以及相当的安全性能，其工作电压平台在 $4.1 \ V$，理论能量密度为 $LiFePO_4$ 材料的 1.2 倍，是一种十分具有应用潜力的材料。然而，$LiMnPO_4$ 的电子电导率和离子扩散速率低，导致其电化学活性差。对此国内外的研究者们做了大量工作，包括进行材料纳米化、碳包覆、离子掺杂等改性研究以及与其他材料复合/混合研究等。

为了提高 $LiMnPO_4$ 的电化学活性，目前主要通过均匀碳包覆提高材料的电子电导率，本实验通过简单的溶胶　凝胶法以磷酸三丁酯为多功能反应物，以月桂酸为碳源，制备多孔类球形 $LiMnPO_4/C$ 复合电池正极材料。

一、实验目的

（1）了解 $LiMnPO_4/C$ 复合材料在电池正极中的电化学性能；

（2）掌握电池正极 $LiMnPO_4/C$ 复合材料的制备原理；

（3）掌握电池正极极片的制作方法；

（4）了解 $LiMnPO_4$ 电池正极材料的其他改性方法。

二、实验原理

溶胶凝胶法制备过程中，各种离子在溶液中均匀分布。当溶胶向凝胶转变时，金属离子与有机溶剂的螯合作用使得各种离子在形成的凝胶中无法自由移动，被均匀"镶嵌"于有机物的网络中。含有有机物的干凝胶经过热处理裂解生成碳，原位包覆在活性物质颗粒表面形成 LiMnPO$_4$/C 复合正极材料。

磷酸三丁酯在反应中除了作为反应物之外还起到了络合剂的作用，通过磷氧基中的氧原子与金属离子配位，使反应物达到分子水平上的均匀混合。月桂酸分解生成的包覆碳层不但使材料颗粒之间形成较好的导电网络以提高材料电导率，而且可以有效抑制 LiMnPO4 晶粒的持续生长和团聚，得到颗粒细小的 LiMnPO4/C 复合材料。

三、实验仪器与试剂

1. 仪 器

（1）恒温水槽；

（2）电动机械搅拌器；

（3）烘箱（~300 ℃）；

（4）真空恒温干燥箱（~100 ℃）；

（5）电子天平（0.000 1 g）；

（6）高温管式炉。

2. 试 剂

（1）硝酸锂（LiNO$_3$），AR 级；

（2）乙酸锰[Mn(CH$_3$COO)$_2$·4H$_2$O]，AR 级；

（3）磷酸三丁酯（TBP，98.5%，Aladdin），AR 级；

（4）月桂酸（C$_{12}$H$_{24}$O$_2$，99%，Aladdin），AR 级；

（5）无水乙醇（CH$_3$CH$_2$OH），AR 级；

（6）乙炔碳黑（Acetylene black），AR 级；

（7）聚偏氟乙烯（PVDF），AR 级；

（8）N-甲基吡咯烷酮（NMP），AR 级；

四、实验步骤

1. 称 量

准确称取 Mn(CH$_3$COO)$_2$·4H$_2$O(0.01 mol)、LiNO$_3$(0.01 mol)、TBP(0.01 mol) 和 C$_{12}$H$_{24}$O$_2$ (0.025 mol)。

2. 溶 解

量取 40 mL 无水乙醇，将第 1 步中称量的试剂溶解其中，充分搅拌均匀形成透明溶液。

3. 蒸发、烘干

加热至 90 ℃，透明溶液蒸发得到粘稠状前驱体，将前驱体在鼓风干燥箱中烘干后备用。

4. 焙　烧

干燥后的前驱体放入带有程序控温的管式炉中，在氩气气氛保护下 350 ℃ 焙烧 2 h。

5. 热处理

将焙烧后的样品置于马弗炉中升温至 700 ℃，恒温 10 h，随后自然冷却，得到 $LiMnPO_4/C$ 材料。

6. 电解液的配置

将 $LiMnPO_4/C$、乙炔碳黑和聚偏氟乙烯按质量比 7 : 2 : 1 混合。

7. 混合、研磨

混合物中加入适量 N-甲基吡咯烷酮（NMP）搅拌均匀，进一步研磨得到浆料。

8. 涂覆、定型

将浆料均匀涂覆在铝箔上，在 80 ℃ 下干燥后加工成直径为 12 mm 的圆片，加压定型。

9. 干　燥

定型后的圆片在 120 ℃ 下真空干燥 8 h，得到正极极片。

五、数据分析

1. XRD 分析表征结构

采用溶胶-凝胶法制备的 $LiMnPO_4/C$ 复合材料的 XRD 图谱。从图 18.1 中可以看出，所有

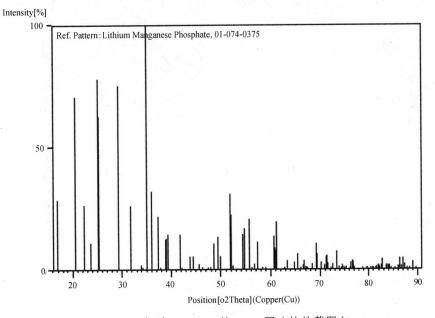

图 18.1　正交型 $LiMnPO_4$ 的 XRD 图（软件截图）

的衍射峰应与纯相橄榄石结构 LiMnPO₄(JCPDS 74-0375) 特征峰对应一致，属于 Pnmb 空间群，应无其他杂质峰存在。

2. SEM 和 TEM 分析

从图 18.2（a）可以看出，通过溶胶 凝胶法制备的复合材料具有类球形大颗粒形貌，颗粒粒径分布在几百纳米到一微米左右。图 18.2（b）为大颗粒的高分辨 SEM 照片。由图可知，大颗粒由粒径为 50～100 nm 左右的均匀小颗粒堆积而成，颗粒之间存有孔隙。图 18.2（c）和（d）为 LiMnPO₄/C 复合材料纳米颗粒的 TEM 照片。由图 18.2（d）可见，LiMnPO₄ 表面包覆了一层由月桂酸分解所得到的较均匀的碳层，厚度约为 4 nm。

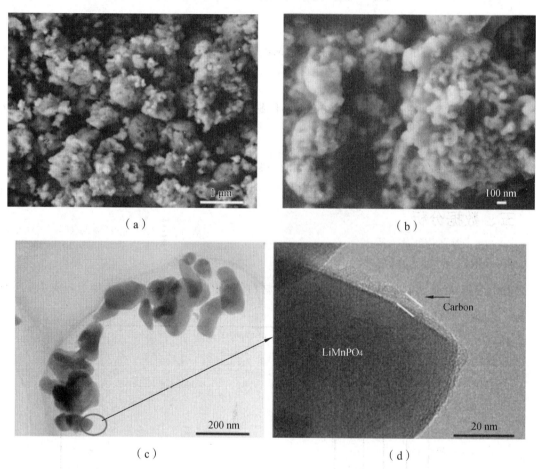

图 18.2 LiMnPO₄/C 复合材料的 SEM（a,b）和 TEM（c,d）照片

3. 注意事项

（1）高温管式炉开启之前先通气，调整氩气流量适中，确保出气口有气体逸出后才能开启加热键。

（2）LiMnPO₄/C、乙炔碳黑和聚偏氟乙烯混合后要进行粗研磨，加入 NMP 制作浆料时要充分研磨，确保浆料混合均匀。

4．思考题

（1）为什么 XRD 图谱中未见单质碳的衍射峰？

（2）由一次纳米颗粒团聚成的二次微米级多孔结构，有利于提高电极导电性的原因是什么？

（3）材料粉体的振实密度与体积能量密度之间有何种关系？

（4）前驱体焙烧过程中为什么需要氩气气氛保护？

（5）加入聚偏氟乙烯的作用是什么？

六、参考文献

[1] 高文超，潘芳芳，向德波，等. 锂离子电池正极材料磷酸锰锂研究进展[J]. 电源技术，2018，42（03）：445-447.

[2] 汪燕鸣，王飞，王广健. 溶胶-凝胶法制备 LiMnPO$_4$/C 正极材料及其电化学性能[J]. 无机材料学报，2013，28（04）：415-419.

[3] 陈妙，王贵欣，闫康平，等. 磷铁和碳酸锂制备 LiFePO$_4$ 的反应机理和性能研究[J]. 化工新型材料，2012，40（06）：111-113，126.

[4] 李学良，刘沛，肖正辉，等. 正极材料 LiMnPO$_4$/C 的离子热法制备及电化学性能[J]. 硅酸盐学报，2012，40（05）：758-761.

[5] 聂平，申来法，陈琳，等. 溶胶-凝胶法制备多孔 LiMnPO$_4$/MWCNT 复合材料及其电化学性能[J]. 物理化学学报，2011，27（09）：2 123-2 128.

实验十九　新型表面活性剂 NaAMC$_8$S 的合成

【实验导读】

三次采油技术中，聚合物驱油是一种提高石油采收率行之有效的方法，而且非常适合于我国的陆相储层的地层条件。聚丙烯酰胺（PAM）与部分水解的聚丙烯酰胺（HPAM）是普遍采用的驱油聚合物，但该类聚合物在实际应用中存在一些明显的缺点，在高盐与高温地层处会严重失粘。近年来人们在耐温抗盐驱油聚合物方面的研究大致可分为两大方向：超高分子量聚合物和聚合物的化学改性。化学改性包括耐温抗盐单体改性聚合物、疏水缔合聚合物、新型分子结构聚合物、多元组合聚合物和两性聚合物等几类。

疏水单体与 AM 不相溶，制备疏水改性聚丙烯酰胺大多采用胶束或微乳液聚合的方法。亲水性表面活性单体溶于水，可与 AM 实现水溶液均相共聚，而且进入大分子主链上的表面活性单体，可以形成微嵌段，其疏水侧链可有效地发生疏水缔合，赋予 PAM 更好的增稠性能。显然由水溶性表面活性单体与 AM 共聚合是制备高性能驱油聚合物的一条新思路，它们既具有表面活性，又可与其他丙烯酰胺类单体进行共聚，已成为引国内外的研究热点。

耐温抗盐单体改性聚合物是将一种或多种耐温抗盐单体与丙烯酰胺共聚，得到的聚合物在高温高盐条件下的水解将受到限制，不会出现与钙和镁离子反应发生沉淀的现象，从而达到耐温抗盐的目的。选择理想单体就成为耐温抗盐聚合物设计的关键。已见报道的有 $AMC_{12}S$（2-丙烯酰胺基十二烷基磺酸）、$AMC_{14}S$ 和 $AMC_{16}S$ 与丙烯酰胺共聚。但碳链过分增长使聚合物分子内部空间位阻增大，影响聚合物相对摩尔质量的提高，同时热稳定性降低。短碳链阴离子表面活性单体 2-丙烯酰胺基辛烷基磺酸钠 $NaAMC_8S$ 有望成为耐温和耐盐性能好的丙烯酰胺聚合物系列产品，因此有必要进行其合成。

一、实验目的

（1）了解耐温抗盐驱油聚合物及其在三次采油中的作用；
（2）掌握合成 2-丙烯酰胺基辛烷基磺酸钠基本原理；
（3）掌握 2-丙烯酰胺基辛烷基磺酸钠的制备路径及方法；
（4）了解利用 $NaAMC_8S$ 为单体合成聚合物驱油剂及相关应用领域。

二、实验原理

$NaAMC_8S$ 的化学结构式为：

其合成路径的化学反应式为：

三、实验仪器与试剂

1. 仪　器

（1）恒温水槽；

（2）电动机械搅拌器；

（3）烘箱（～300 ℃）

（4）真空恒温干燥箱（～100 ℃）；

（5）四孔烧瓶；

（6）电子天平（0.000 1 g）；

（7）球形冷凝管；

（8）恒压滴液漏斗；

（9）循环水泵；

（10）布氏漏斗。

2. 试　剂

（1）1-辛烯，质量分数 97%；

（2）丙烯腈，分析纯，质量分数 98%；

（3）发烟硫酸，分析纯，SO_3 质量分数 50%；

（4）对羟基苯甲醚，质量分数 98%；

（5）2,6-二叔丁基对甲酚，分析纯；

（6）丙酮，分析纯，质量分数 98%。

四、实验步骤

1. 准　备

（1）准备 1 只 250 mL 四颈圆底烧瓶，在 4 个烧瓶口上分别安装电动机械搅拌器、水银温度计、恒压滴液漏斗、球形冷凝管。

（2）水槽中加入冰块，水槽外部加装保温隔热棉，然后将四颈烧瓶置于冰水浴中并保持稳定。

（3）依次向四颈烧瓶中加入 1-辛烯 48.5 mL、丙烯腈 120.8 mL 和少量阻聚剂（对羟基苯甲醚、2,6-二叔丁基对甲酚）共计 0.015 g，冷却至 0 ℃ 以下打开电动机械搅拌器。

2. 反　应

通过恒压滴液漏斗向反应体系中滴加发烟硫酸 15 mL（滴加时控制反应温度在 5 ℃ 以下），滴加完毕后，继续搅拌 30 min，然后除去冷源，使体系自动升温至室温。

3. 沉　淀

反应体系处于室温条件下继续恒温反应 24 h，有白色沉淀生成。

4. 抽滤、洗涤

减压抽滤除去未反应物，将所得产物依次用丙烯腈和丙酮多次洗涤，真空干燥，得白色粉末状固体即为 2-丙烯酰胺基辛烷基磺酸（HAMC₈S）。

5. 干燥、称重

产品干燥后称重，计算收率（按 1-辛烯计）。

6. 调节 pH

将 HAMC₈S 溶于一定量的蒸馏水中，用 NaOH 溶液中和至 pH = 8 左右，静置 12 h，有白色晶体析出，即为 2-丙烯酰胺基辛烷基磺酸钠（NaAMC₈S）。

7. 洗涤、重结晶

用丙酮∶水 = 4∶1（体积比）的溶液多次洗涤，随后再用上述丙酮与水的溶液对其进行二次重结晶，所得样品真空干燥 48 h，得到 NaAMC₈S 最终产品。

五、数据分析

1. 红外光谱表征基团结构（见图 19.1）

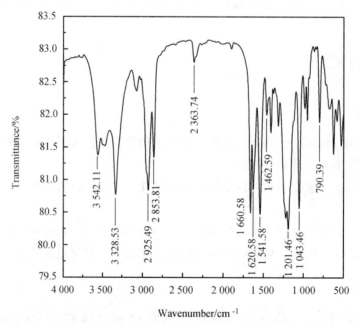

图 19.1　NaAMC₈S 的红外光谱图（软件截图）

2. 高分辨质谱图表征分子量及产品纯度（见 19.2）

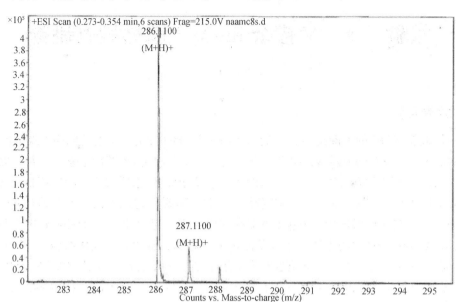

图 19.2　NaAMC$_8$S 的高分辨质谱图（软件截图）

3. 注意事项

（1）控制发烟硫酸滴加速度。若滴加速度太快，反应体系温度会升高，不利于控制反应温度，且反应原料会被炭化，产品纯度降低。若滴加速度太慢，则所需低温控制时间太长，能耗增大，亦会使成本增大。故滴加速度应适中，滴加时间在 2 ~ 3 h 为宜。

（2）回流时温度不宜过高，回流温度以刚好沸腾为佳。同时，为避免蒸汽挥发造成液体过早蒸干并形成环境污染，可增加冷凝管数量或长度。

4. 思考题

（1）反应中为什么要加入阻聚剂？
（2）如何进行反应废液后处理？
（3）怎样回收未参加反应的丙烯腈？
（4）此合成工艺进行工业化生产，有哪些突出优势？

六、参考文献

[1] 季甲，周建国，刘淑参，等. 2-丙烯酰胺基辛烷基磺酸钠的合成及其胶束化行为研究[J]. 精细化工，2010，27（08）：769-774.

[2] 黄晓柳. 耐盐型高吸水树脂的制备及其研究[D]. 武汉：湖北大学，2012.

[3] 王湘英，佟瑞利. 2-丙烯酰胺基十二烷基磺酸钠的合成及其胶束化行为研究[J]. 长沙：湖南工业大学学报，2007（02）：68-72.

实验二十　V 掺杂 In_2O_3 气敏材料的制备

【实验导读】

近些年来随着科技的不断进步，人们对于很多领域的探究已经超出自身感观范围。在这样的大前提下，许多新的技术应运而生并且飞速发展，其中传感器成为这个大潮下帮助人们更深入的了解大自然的高效媒介。在当前的生产生活中，传感器被广泛的应用于探索认知宇宙，建设巩固国防，监测工业污染，提高粮食产量等领域。总而言之，传感器与我们的生活密不可分，在众多的传感器中，气体传感器存在的意义不容小觑，比如煤矿作业过程中遇到的甲烷，装潢材料中释放的甲醛甲苯以及汽车尾气中的氮氧化物、硫化物等都会对生产以及生命安全造成威胁，为了更好的检测这些有毒有害的气体从而避免人身、财产安全受到侵害，越来越多的科研工作者们开始将更多的精力转移到制备低价、高效的气体传感器上来。

丙酮作为一种常用的化工原料和有机溶剂，被广泛用于工业生产中。然而丙酮是一种挥发性有毒气体，TJ 36—79《工业企业设计卫生标准》中规定居民生活区和工厂车间内空气中丙酮的的浓度不得超过 $0.4\ g/m^3$ 和 $0.6\ g/m^3$。众所周知，丙酮是平时科研中常用到的一种有机溶剂，但是却很少有人重视丙酮对人体的危害，正常人吸入丙酮蒸气以后会感到呼吸道极度不适，同时伴随着头昏恶心等症状，这是因为丙酮会麻痹人的中枢神经系统，对身体产生伤害。因此，在工业生产和日常生活中，实现对丙酮气体的快速准确检测变得尤其必要。为了更好的保护好我们的身体，快速高效的检测丙酮成为我们的科研目标

目前，常用的气体检测方法有热导分析法、化学发光式气体分析仪法等，但是由于设备昂贵，体积庞大，无法进行实时监测等因素制约了其广泛应用。近年来，基于半导体金属氧化物气体传感器因具有成本低、制造工艺简单、灵敏度高、响应恢复快、稳定性好等特点，已经逐渐成为工业生产和生活中监测有毒有害气体的重要工具。在众多半导体金属氧化物中，In_2O_3 对丙酮显示出良好的气敏性。In_2O_3 作为一种 n 型宽禁带（$E_g = 3.8\ eV$）半导体金属氧化物，电阻率较低，同时具有很好的催化活性，已成为科研工作者研究的热点。但是目前 In_2O_3 气敏材料存在诸多问题，如灵敏度较低、选择性较差及能耗较高等。因而在进一步提高 In_2O_3 灵敏度的前提下，同时提高 In_2O_3 选择性和降低工作温度成为 In_2O_3 气体传感器的研究目标。

水热法可制备出氧化铟微球。纯氧化铟微球虽然形貌较好但是敏感特性并不理想，为了改变这种状况，对基体氧化铟微球进行了掺杂改性，具体做法为在配制前驱物溶液时向其中加入一定量的三异丙醇氧钒，最终得到 V 掺杂的氧化铟微球，经过一系列的表征证明，V 掺杂之后与氧化铟以固溶体的形式存在，并基于 V 掺杂的氧化铟微球制备出气体传感器。在混合气体氛围中，V 掺杂的氧化铟微球器件可以很好的将丙酮甄别出来。

一、实验目的

（1）了解 In_2O_3 气敏材料的几种制备方法；

（2）掌握水热法制备球形 In_2O_3 颗粒的基本原理及制备方法；

（3）掌握 V 掺杂的氧化铟微球的制备方法

（4）了解 In_2O_3 气敏材料的应用领域；

（5）学会制作 In_2O_3 基气体传感器。

二、实验原理

水热法是一种在高压蒸汽相中促进晶体生长的方法，与其他方法相比，该方法最突出的优点是反应温度较低、获得产物的纯度高、粒径分布窄、形貌可控。水热合成更容易制得纯净、结晶程度高的产物。

丙酮气敏传感器作用机理：半导体金属氧化物气体传感器的传感机制归因于测试气体在半导体表面的吸附和脱附过程而引起的电阻变化。作为一种 n 型半导体氧化物，In_2O_3 元件的气敏特性主要由晶粒比表面积的大小、表面氧吸附数量、掺杂及催化等因素决定。

在空气中时，氧气会吸附在固溶体（$In_{2-x}V_xO_3$）表面以离子形式存在：

$$O_2(gas)+2ne^-\rightarrow 2O^{n-}(ads)（n = 1 或 2）$$

当材料暴露在丙酮气氛中时，丙酮会在材料的表面被吸附在材料表面的氧离子所氧化，这个过程中产生的电子会输送到敏感材料的导带中去，这一行为会减小耗尽层的宽度，从而导致材料电导的升高。

$$C_3H_6O (gas)+8O^{n-}(ads)\rightarrow 3H_2O(gas)+3CO_2(gas)+8n\, e^-$$

灵敏度：$S = R_a/R_g$，其中，R_a 和 R_g 分别表示电阻传感器在空气和丙酮气体中的电阻值。

三、实验仪器与试剂

1. 仪 器

（1）磁力搅拌器；

（2）电子分析天平（0.000 1 g）；

（3）智能箱式高温炉；

（4）传感器老化台；

（5）扫描电子显微镜；

（6）X 射线衍射仪；

（7）电热恒温干燥箱；

（8）聚四氟乙烯内衬、不锈钢高压反应釜（50 mL）。

2. 试 剂

（1）三氯化铟（$InCl_3 \cdot 4.5H_2O$），AR 级；

（2）盐酸（HCl），AR级；

（3）丙三醇（$C_3H_8O_3$），AR级；

（4）乙二胺（EN），AR级；

（5）无水乙醇（CH_3CH_2OH），AR级；

（6）三异丙醇氧钒（$C_9H_{21}O_4V$），AR级；

（7）蒸馏水，自制。

四、实验步骤

1. 制备氧化铟微球和V掺杂氧化铟微球

实验中采取两个不同方案来分别制备氧化铟微球（In_2O_3 microspheres）以及 V 掺杂氧化铟微球（V-doped In_2O_3 microspheres）。

（1）方案1。

① 取一个容积为100 mL的锥形瓶，用量筒分别量取1 mL浓度为12 mol/L的HCl溶液与50 mL的去离子水。将两种液体在锥形瓶中混合均匀。

② 用电子天平称取15 g $InCl_3 \cdot 4.5H_2O$并将其迅速的倒入锥形瓶中，之后用磁力搅拌器搅拌均匀，得到$InCl_3$溶液。

③ 另取一只容积为50 mL的锥形瓶，用量筒分别称取1 mL去离子水，17 mL丙三醇（甘油）倒入锥形瓶中混合均匀，然后继续从第一只锥形瓶中取出1 mL $InCl3$溶液加入到第二只锥形瓶中，将混合溶液放到磁力搅拌器上搅拌30 min以后，向其中逐滴的加入0.9 mL乙二胺（EN）并继续搅拌30 min。

④ 这些步骤完成以后，将第二只锥形瓶中的混合溶液转移到50 mL的反应釜中，将反应釜放入烘箱中，温度设置为180 ℃，保温时间调节为720 min。反应结束以后，关闭烘箱待反应釜自然降温以后，将其中的生成物进行离心处理后会得到固体沉淀物，将固体沉淀物在490 ℃下煅烧2 h，自然降温之后便得到氧化铟微球。

（2）方案2。

在方案1中配制$InCl_3$溶液的步骤中同时加入一定量的三异丙醇氧钒，其他步骤保持不变，则可以在最终得到V掺杂的氧化铟微球。

2. 气体传感器的制作

取适量的产物放置于玛瑙研钵中，向其中加入一定量的水，一般情况下水与材料的质量比为4∶1，在这个比例之下，材料最易形成糊状物，能够更好的附着在具有金电极的陶瓷管之上，涂料完成以后，进行烘干处理，最后将陶瓷管的引线以及镍铬合金加热电阻丝分别焊接到六脚管座上，如图20.1所示。经过这些以后一个敏感元件的制作就完成了。接下来将气敏元件放在传感器老化台（AS-20北京艾立特科技有限公司）上以60 mA的电流老化96 h进行老化处理，这样得到的器件的测试结果更稳定、准确。

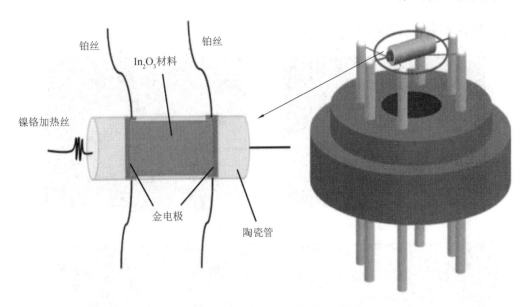

图 20.1 气体传感器的结构示意图

五、数据分析

1. X 射线衍射（XRD）表征结构（见图 20.2）

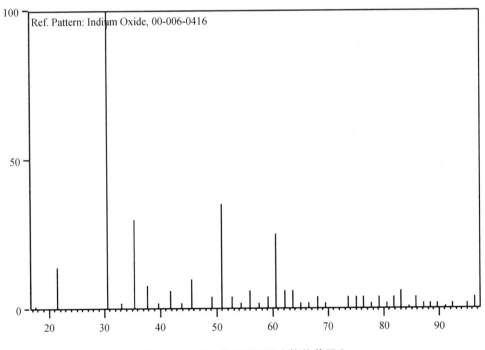

图 20.2 In$_2$O$_3$ 的 XRD 图（软件截图）

2. 扫描电镜（SEM）表征形貌（见图20.3）

（a）钝氧化铟微球烧结前SEM图　　　（b）钝氧化铟微球烧结后SEM图

（c）V掺杂微球烧结前的SEM图　　（d）V掺杂微球烧结之后的SEM图（不同比例尺）

图20.3

3. 注意事项

（1）高压反应釜的使用：装液后安装拧紧螺母时，必须对角对称，多次逐步加力拧紧，用力均匀，不允许釜盖向某侧倾斜，才能达到良好的密封效果，避免安全隐患；每次操作完毕用清洗液清除釜体及密封面的残留物，并于干燥箱中烘干，防止锈蚀。

（2）传感器制作之前，糊状氧化铟微球要用研钵充分进行研磨，使其尽量混合均匀。陶瓷管上的涂层尽可能薄且均匀平整。

4. 思考题

（1）纯氧化铟与V掺杂氧化铟微观形貌有何不同？

（2）烧结之后的 In_2O_3 呈现的表面形貌对丙酮的气敏检测机理有什么作用？

（3）气敏元件为什么需要进行老化处理？

（4）制作气体传感器的糊化物时是否可添加其他溶剂？

六、参考文献

[1] 闫建政，白静. 球状 In_2O_3 的制备及其对丙酮的气敏特性研究[J]. 仪表技术与传感器，2018（02）：16-18，35.

［2］ 王剑，左翼，高成炼，等. Cd 掺杂 In_2O_3 多孔纳米球的制备及其甲醛气敏性能[J]. 粉末冶金材料科学与工程，2017，22（03）：372-377.

［3］ 刘娟. 采用掺杂和表面修饰提高氧化铟基体材料气敏特性[D]. 长春：吉林大学，2015.

［4］ 艾鹏. 氧化铟纳米材料的制备及气敏特性的研究[D]. 昆明：云南师范大学，2015.

实验二十一 不同粒径的 $La_{0.9}MnO_3$ 钙钛矿磁制冷材料的制备

【实验导读】

磁制冷技术是基于磁性物质的磁热效应、通过磁化和退磁过程的反复循环来制冷的一种高新技术。而磁热效应是指磁性材料的磁熵和温度随着外加磁场的变化而变化的一种物理现象。相比于传统的以氟氯昂等气体压缩-膨胀制冷技术，磁制冷是以磁性物质作为磁工质，不会破坏臭氧层，不会排出产生温室效应的气体。同时，磁制冷设备易于小型化，具有机械振动及噪音小、耗能低、寿命长、热效率高等优点。磁制冷的热效率可以达到卡诺循环的 30%～60%，而传统气体压缩-膨胀制冷的卡诺循环效率只能达到 5%～10%，因此研究和开发磁制冷材料具有极其重要的实际应用意义。

目前，在磁制冷的研究领域中，磁制冷材料大致分为三个温区：20 K 以下的低温区、20～77 K 的中温区以及 77 K 以上的高温区。磁制冷材料按照其类型来分，可以分成两大类：一类是金属磁制冷材料，包括稀土基合金（Gd 及 Gd-Si-Ge 系合金等）和过渡金属基合金（Mn-Fe-P-As，La-Fe-Si 及 Ni-Mn-Sn 合金等）；另一类是氧化物材料，这一类磁制冷材料主要研究的是类钙钛矿化合物（如 La1-xCaxMnO3 等）。与金属合金磁制冷材料相比，氧化物材料因具有居里温度可调节范围宽，价格便宜，化学稳定性好、电阻率大（有利于降低涡流损耗）等特点，有望成为室温磁制冷材料。

$LaMnO_3$ 材料是反铁磁体，当在空穴掺入 Ca^{2+}、Sr^{2+}、Ba^{2+}、Na^+、K^+等离子时会改变材料的磁性，当掺杂量合适时，材料基态将会转变为铁磁金属态。1997 年，南京大学物理系固体微结构国家重点实验室发现在 $LaMnO_3$ 中掺入 Ca^{2+} 离子后，材料的磁熵变比 Gd 大，自此钙钛矿锰氧化物磁制冷材料的研究成为磁制冷材料研究中的热点。

一、实验目的

（1）熟悉磁制冷材料的制冷原理；

（2）掌握钙钛矿锰氧化物磁制冷材料的溶胶-凝胶制备方法；

（3）了解磁制冷材料的制冷范围及应用。

二、实验原理

除了在钙钛矿锰氧化物 LaMnO$_3$ 中掺杂离子来调节材料的磁性和磁熵变以外，钙钛矿锰氧化物的粒径大小也会影响材料的磁性和磁热效应。有研究表明，在 La 位引入缺位可以产生和在空穴掺杂离子类似的效果，并在此种材料中发现了较大的磁熵变和磁电阻效应。Ulyanov 等人研究了 La$_{1-x}$MnO$_{3+\delta}$ 氧化物材料的结构和磁性，发现材料的居里温度随空穴掺杂量 x 的增加而增加。

本实验采用溶胶-凝胶法制备不同尺寸的 空穴掺杂的 La$_{0.9}$MnO$_3$ 氧化物纳米颗粒，通过退火温度调节样品的粒径大小，得到不同粒径和不同磁热效应的磁制冷材料。

三、实验仪器与试剂

1. 仪 器

（1）磁力加热搅拌器；
（2）烘箱（～300 ℃）；
（3）分析天平；
（4）研钵；
（5）马弗炉；
（6）烧杯（250 mL）。
（7）量筒（100 mL）
（8）玻璃棒。

2. 试 剂

（1）六水合硝酸镧[La(NO$_3$)$_3$·6H$_2$O]，AR 级；
（2）四水合乙酸锰[Mn(CH$_3$COO)$_2$·4H$_2$O]，AR 级；
（3）尿素[CO(NH$_2$)$_2$]，AR 级；
（4）去离子水。

四、实验步骤

1. 溶剂量取

将 250 mL 烧杯清洗干净，用量筒量取 100 mL 去离子水加入烧杯中。

2. 称重、溶解

称取 0.018 mol La(NO$_3$)$_3$·6H$_2$O 加入到装有 100 mL 去离子水的烧杯中，并用玻璃棒轻轻搅拌，使其完全溶解，得到无色透明溶液。

3. 加 $Mn(CH_3COO)_2 \cdot 4H_2O$

称取 $0.02\ mol\ Mn(CH_3COO)_2 \cdot 4H_2O$ 加入上述溶液中，同样用玻璃棒搅拌使其溶解，得到淡粉色透明溶液。

4. 加 $CO(NH_2)_2$

称取 $0.4\ mol\ CO(NH_2)_2$，加入到上述溶液中，得到最终反应液。

5. 恒温搅拌

将反应液置于加热磁力搅拌器上，放入磁子开动搅拌，将加热磁力搅拌器温度调节在 $60\ ℃$，持续加热搅拌 $2\ h$。

6. 凝胶化

将第 5 步中的反应产物放入烘箱，调节烘箱温度为 $100\ ℃$，加热 $12\ h$，然后冷却至室温得到凝胶。

7. 制备干凝胶

将第 6 步中的凝胶置于烘箱中，设置烘箱温度为 $250\ ℃$，加热 $3\ h$ 后冷却至室温，得到干凝胶。

8. 研 磨

将第 7 步中得到的干凝胶用研钵充分研磨得到材料的前驱体，并分为 5 份。

9. 热处理

将第 8 步中的 5 份前驱体样品用马弗炉退火 $6\ h$，退火温度分别设置为 $700\ ℃$、$800\ ℃$、$900\ ℃$、$1\ 000\ ℃$ 和 $1\ 100\ ℃$，得到粒径不同的 $La_{0.9}MnO_3$ 磁制冷材料。

五、数据分析

1. X 射线衍射（XRD）表征结构（见图 21.1）

2. 扫描电镜（SEM）表征形貌（见图 21.2）

3. 注意事项

（1）磁力加热搅拌器的使用：调节磁力搅拌时，应遵循由慢到快的顺序，选择合适的搅拌速度，防止磁子旋转过快导致液体溅出；注意避免仪器电源线触及底盘；仪器工作时盘面温度较高，触摸仪器外壳和盘面时小心烫伤，仪器关闭后，注意余热。

（2）在 $La_{0.9}MnO_3$ 磁制冷材料的制备过程中，应准确称量固体药品，因为称量不准确会导致材料的空穴掺杂量的不同，进而影响材料的磁性和磁热效应。

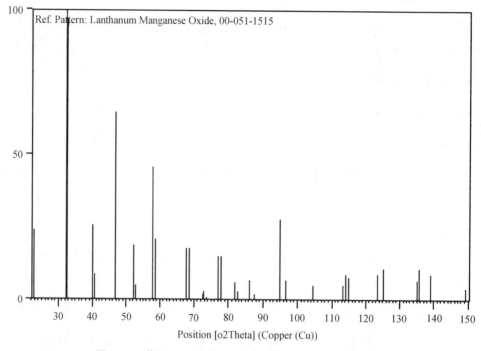

图 21.1　菱形 $La_{1-x}MnO_3$ 的 XRD 图（软件截图）

图 21.2　不同退火温度下的 $La_{1-x}MnO_3$ 的 SEM 图

（3）得到 $La_{0.9}MnO_3$ 磁制冷材料的前驱体干凝胶后，应尽快研磨，并做后续退火处理，否则干凝胶吸潮后会破坏前驱体，进而影响材料的结构和磁热效应。

4. 思考题

（1）制备干凝胶前驱体的过程中加入的尿素有什么作用？

（2）得到干凝胶后对其研磨有什么作用？

（3）退火温度不同，得到的材料粒径相同吗，是如何变化的？

（4）为什么退火温度会影响材料的粒径？

六、参考文献

[1] 杨建军, 何寒. 磁制冷技术的研究现状与发展[J]. 安阳工学院学报, 2018, 17（2）: 45-46.

[2] 赵娟, 关彪, 陈刚, 等. 不同晶粒尺寸的（La$_{0.47}$Gd$_{0.2}$）Sr$_{0.33}$MnO$_3$纳米颗粒磁性能[J]. 稀有金属材料与工程, 2010, 39（11）: 1 948-1 951.

[3] LAMPEN P, PURI A, PHAN M H, et al. Structure, magnetic, and magnetocaloric properties of amorphous and crystalline La$_{0.4}$Ca$_{0.6}$MnO$_{3+\delta}$ nanoparticles[J]. Journal of Alloys and Compounds, 2012, 512(1): 94-99.

[4] ULYANOV A N, PISMENOVA N E, YANG D S, et al. Local structure, magnetization and Griffiths phase of self-doped La$_{1-x}$MnO$_{3+\delta}$ manganites[J]. Journal of Alloys and Compounds, 2013, 550(15): 124-128.

[5] 杨小之, 邵强, 吕群, 等. La$_{0.9}$MnO$_3$钙钛矿纳米颗粒的尺寸效应和磁热效应[J]. 常熟理工学院学报（自然科学）, 2014, 28（4）: 17-21.

第二部分

功能材料的性能表征

实验二十二　表面光伏性能测试

【实验导读】

　　光电材料是通过光电转换效应将输入的光能转变为电能输出的一类能量转换功能材料。光电转换效应具体表现为三种形式：（1）光电子发射：当光照射到光电子发射材料上，光被材料吸收产生发射电子的现象；（2）光电导：光电导材料受光辐射其电导率急剧上升的现象；（3）光生电动势：光照下在光电动势材料上形成阻挡层，p-n 结两面可以产生电动势的现象，也称为光生伏特效应，如图 22.1 所示。

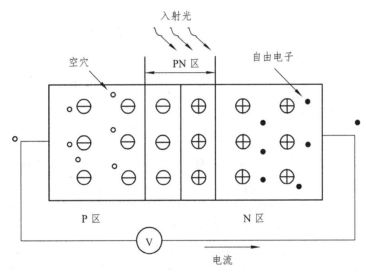

图 22.1　太阳能电池工作原理图

　　表面光电压是固体表面的光生伏特效应，是光致电子跃迁的结果。表面光电压的研究始于 20 世纪 40 年代末诺贝尔获奖者 Brattain 和 Bardeen 的工作，之后这一效应作为光谱检测技术应用于半导体材料的特征参数和表面特性研究上，这种光谱技术被称为表面光电压技术（Surface Photovoltaic Technique，SPV）或表面光电压谱（Surface Photovoltage Spectroscopy，简称 SPS）。表面光电压技术是一种研究半导体特征参数的极佳途径，这种方法是通过对材料光致表面电压的改变进行分析来获得相关信息的。1973 年，表面光电压研究获得重大突破，美国麻省理工学院 Gatos 教授领导的研究小组在用低于禁带宽度能量的光照 CdS 表面时历史性的第一次获得入射光波长与表面光电压的谱图，并以此来确定表面态的能级，从而形成了表面光电压谱这一新的研究测试手段。

　　SPS 作为一种光谱技术具有许多优点：

（1）它是一种作用光谱，可以在不污染样品、不破坏样品形貌的条件下直接进行测试，也可测定那些在透射光谱仪上难以测试的光学不透明样品；

（2）SPS 所检测的信息主要反映的是样品表层（一般是几十纳米）的性质，因此受基底的影响较弱，这一点对于光敏材料表面的性质及界面电子过程研究显然很重要；

（3）由于 SPS 的原理是基于检测由入射光诱导的表面电荷的变化，因而其具有较高的灵敏度，大约是 $10^8 \ q/cm^2$（或者说每 10^7 个表面原子或离子有一个单位电荷），高于 XPS 或 Auger 电子能谱等标准光谱或能谱几个数量级。表面光电压谱可以给出诸如表面能带弯曲，表面和体相电子与空穴复合，表面态分布等信息，是在光辅助下对电子与空穴分离及传输行为研究的有力手段。

一、实验目的

（1）熟悉光生电动势的产生原理及过程；
（2）掌握光电材料表面光电压的测试原理及操作流程；
（3）了解光电材料的种类及特性。

二、实验原理

1. 表面光电压的产生

当两个具有不同功函数的材料接触时，由于它们的化学势不同，在界面附近会发生相互作用，电子会从费米能级高的物体向费米能级低的物体转移。n 型半导体的费米能级比金属的费米能级高，因此当二者接触时，半导体中的电子向金属运动，直至达到平衡状态，从而在半导体表面形成电子耗尽层，使得表面能带向上弯曲。相反的，p 型半导体的费米能级比金属的费米能级低，当二者接触时，金属中的电子向半导体运动，半导体表面形成空穴耗尽层，使得表面能带向下弯曲。在光照条件下，半导体将在其表面附近产生非平衡的载流子（电子或空穴），非平衡载流子在表面和体相内重新分布，并中和部分表面电荷，从而使半导体表面静电荷发生变化。为了保持体系电中性，表面空间电荷区的电荷会发生重新分布，相应的表面势发生改变。这个表面势垒的改变量即为表面光电压，它的数值取决于被测样品表面静电荷的变化。

能够产生表面光电压的光致电子跃迁主要有三种，即带－带跃迁、亚带隙跃迁和表面吸附质向半导体的光致电荷注入。当入射光的能量大于或等于半导体的能隙宽度时，半导体吸收光子，电子从半导体价带向导带跃迁产生电子-空穴对，在表面势的作用下，电子-空穴对发生分离，空间电荷重新分布，最终结果使得表面电荷减少，能带弯曲变小，产生表面光电压。而当入射光能量小于半导体能隙宽度时，将产生电子从价带向表面态的跃迁或从表面态向导带的跃迁，这种跃迁也会使表面电荷发生改变，引起表面能带弯曲的变化，也可以产生表面光电压。另外一种表面光电压的产生过程与表面吸附质有关，由于吸附在半导体表面的物质能够吸收光子并与半导体进行直接或间接电荷交换，也能引起半导体空间电荷层电荷的变化，从而引起表面势垒的变化，即产生表面光电压。

2. 表面光电压谱的测量原理

表面光电压谱是利用调制光激发而产生光伏信号。因此，所检测的信号包括两方面信息：一个是常见的光电压强度谱，它正比于样品的吸收光谱；另一个是相位角谱。SPV 信号的实质是对样品施加在强度信号上的正弦调制光脉冲，将会导致一个相同频率调制的，而且是正弦波的表面电势的变化。影响表面电势值的是少数载流子平均扩散距离内的光生电子或空穴，即 SPV 在比少数载流子平均寿命更长的时间后才出现极值。因此，在入射光脉冲和 SPV 的极值之间有一个时间延迟，也即相位差。可以通过研究样品的 SPV 响应相位角来判断固体材料的导电类型、表面态得失电子性质和固体表面的酸碱性质。

表面光电压检测装置主要由光源、单色器、斩波器与锁相放大器、光电压池以及信号采集软件构成，如图 22.2 所示。一般采用氙灯作为光源，其在紫外及可见光谱范围光强都比较强。氙灯发射的光经透镜系统处理获得平行出射光，并进入光栅单色仪。经由光栅单色仪可以获得具有较高分辨率的单色光，并经过外部光路引入光电压池。

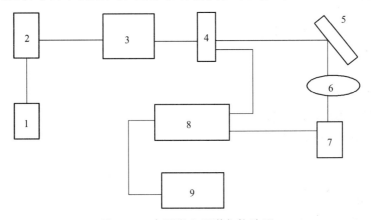

图 22.2 表面光电压谱仪构造图

1—光源；2—单色仪；3—斩波器；4—反射镜；5—透镜；6—光电压池；
7—锁相放大器；8—微机处理系统；9—稳压电源

光电压池是光电转换器件，它的结构对光电响应及信噪比有较大影响。为了获得更好的信噪比，必须采用较好的电磁屏蔽，一般采用铜质的屏蔽箱。光电压池结构如图 22.3 所示，为三明治（ITO/样品/ITO）构造，所用的 ITO 电极在 300 ~ 330 nm 有明显地吸收。

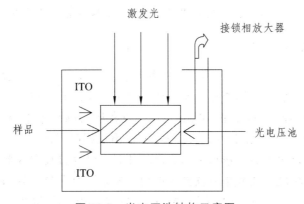

图 22.3 光电压池结构示意图

由于表面光电压信号非常微弱，并且十分容易受到外界电磁信号干扰，因此表面光电压通常基于锁相放大器进行测量。利用斩波器对入射光信号进行调制，通过锁相放大器获得与斩波器具有相同频率的叠加在较大噪音背景下的微弱光电压信号。这一测试系统即使有用的信号被淹没在噪声信号里面，并且噪声信号比有用的信号大很多，只要知道所采集信号的频率值，就能准确地测量出这个信号的幅值。

除此外，电场诱导的表面光电压谱（Electron-Field-Introduced SPS，EFISPS）是在 SPS 的基础上，研究在外电场作用下纳米粒子表面光生电子和空穴的迁移及空间电荷层变化的一种作用光谱，也具有非常多的应用。

三、实验仪器与试剂

1. 仪 器

（1）光电转换装置，自组装；
（2）万用电表；

2. 试剂和材料

（1）ZnO 半导体粉末，自制；
（2）无水乙醇（EtOH），AR 级；
（3）脱脂棉；
（4）锡箔纸,；
（5）ITO 导电玻璃；
（6）去离子水，自制。

四、实验步骤

1. 装样及连接

参照图 22.3 所示进行装样，并按照图 22.2 进行仪器各部件的连接。

2. 表面光电压的测量

（1）打开氙灯稳压电源，2 min 后轻按中间红色触发按钮，点亮氙灯；
（2）打开电脑、单色仪、锁相放大器、调制扇（顺序没有要求）；
（3）双击打开桌面程序"ZolixScanBasic.exe"，或者从"开始"菜单→"所有程序"→"Zolix"→ZolixScanBasic 打开程序"ZolixScanBasic.exe"，出现程序界面；
（4）如果在程序首次安装时选择了"启动软件时自动连接配置仪器"那么在程序右下角信息提示栏会提示锁相放大器和单色仪打开成功。如果没有选择"启动软件时自动连接配置仪器"，则点击"设备"→"打开数采"，再点击"打开谱仪 A"既可。（点击"打开谱仪 A"

以后会有一定的反应延迟，需要大约 5 s 的时间才能出现提示信息）；

（5）点击"设置"→"运行参数"，点击插入（点击后左上角才会出现 Row：1），"仪器选择"选"Spec_A"，"部件选择"选"1"，"开始位置"和"结束位置"分别输入测量的起始波长和结束波长，采样延时输入"500"，点击保存；

（6）在右侧面板"移动控制"栏下，勾选"Spec_A"前面的复选框，"移至□Go"的方框中输入"540 nm"（从短波往长波扫描时）或"– 540 nm"（从长波往短波扫描时），点击"Go"，调节光路，确认出射光照射到了待测样品上；

（7）检查确认光路畅通、且出射光能照射到待测样品上之后，"移至□Go"方框中输入起始波长，点击"Go"将波长移动至起始波长，"提示信息"栏下出现提示信息"Spec_A：移动到绝对位置 xxx"后，点击"start scan（F5）"（图中有彩色波浪线的图标），开始扫描；

（8）每次扫描过程中，数据采集都会同时记录两个，以图中第一组数据（复选框中勾选的两个数据）为例，第一个数据"1#1_1:Spec_A:A"是测量的光电压数据，第二个数据"1#1_1:Spec_A:B"是光电压相位谱；清除第二个数据前的复选框才可以正确显示实时测量的光电压数据；

（9）数据测量结束后，"提示信息"栏下会提示"扫描过程完成"，在"谱线图控制"栏中的下拉列表框中选中要保存的光电压数据，点击"文件"→"导出"→"当前谱线到 Text 文本"。弹出保存对话框，保存到相应目录下，按需要命名，点击保存。

（10）实验结束以后关闭程序，确认锁相放大器的外加偏压为 0，关闭计算机、单色仪、调制扇和锁相放大器，最后关闭氙灯的稳压电源。

五、数据分析

1. 表面光电压（见图 22.4）

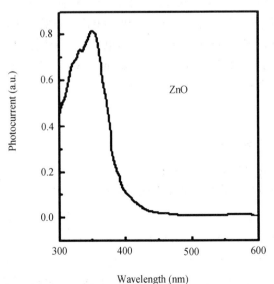

图 22.4　ZnO 的表面光电压图（软件截图）

2. 注意事项

（1）由于程序本身的原因，在实验步骤2.（4）中可能会提示打开谱仪失败或锁相放大器打开失败，此时可按如下步骤解决：

点击"设备"→"串口设置"，将谱仪_A后面"USB mode"下的复选框去除，点击确定，然后再点击"设备"→"串口设置"，把刚才去除的复选框勾选，点击确定，此时点击"设备"→"打开谱仪A"则会出现提示"Spec_A：打开成功"，说明单色仪和电脑程序已正确连接；如果锁相放大器提示打开失败则需要把"串口设置"界面下RS232"一栏下与"数据采集设备"的串口号相同的其他设备串口号改掉（如改成COM11、COM12等），不与数据采集设备的串口号发生冲突；由于软件与计算机系统可能有微小的冲突；如果按以上方法操作完毕后仍然提示锁相放大器打开失败，可以把主程序关闭再打开。

（2）氙灯电流处于18～20 A为正常状态，不能太高也不能太低；氙灯使用一段时间以后可能会触发不了，这是可以让稳压器多打开一段时间（3～5 min）再进行触发或者多按几次触发按钮；如果一直不能触发氙灯，这时应更换氙灯灯泡，卸下旧灯泡前要注意先让两极放电，新灯泡放入时要保证尖端朝上，拆开的侧面面板重新装上时不要装反，有螺丝的一侧向上。

（3）实验步骤2.（4）在"设备"→"选择设备"出现的对话框中，选择的是"使用谱仪A"，所以在本步骤"运行参数设置"当中相应的"仪器选择"选项要选用"Spec_A"；同理，如果在"设备"→"选择设备"对话框中选择的是"使用谱仪B"，则在"运行参数设置"时要选择"Spec_B"，"谱仪A"和"B"只是相当于给单色仪起了个名字，没有其他特别的意义。

（4）实验步骤2.（5）中"部件选择"下拉列表中有"1"、"2"、"3"三个选项，对应单色仪的三块光栅（分别记为1号、2号和3号），其中1号光栅波长范围为"200～600 nm"，2号光栅波长范围为"330～1 000 nm"，3号光栅波长范围为"600～2 000 nm"，按照测量量程不同选择需要的光栅即可。如果要从短波往长波方向扫描（例如从300 nm到600 nm），则"开始位置"和"结束位置"分别输入"300"和"600"，如果要从长波往短波方向扫描（例如从600 nm到300 nm），则"开始位置"和"结束位置"分别输入"－600"和"－300"。

（5）实验步骤2.（6）中将波长移动至"540 nm"或"－540 nm"（绿光）的原因是人眼对绿光比较敏感，便于观察和调试。

3. 思考题

（1）光生电动势是如何产生的？
（2）表面光伏效应有哪些方面的应用？
（3）测量表面光电压的操作中应注意些什么？

六、参考文献

[1] 刘向阳，王蓓，郑海务. 表面光电压谱及其检测技术实验[J]. 物理实验，2009，29（12）：1-4.

[2]　韩义德，杜宇，李乙，等. [Co(en)$_3$]$_2$(Zr$_2$F$_{12}$)(ZrF$_6$H$_2$O)·H$_2$O 的合成、结构及表面光电压性质[J]. 高等学校化学学报，2012，33（5）：876-879.

实验二十三　压电性能的测定

【实验导读】

　　压电陶瓷是一种具有压电效应、能将机械能和电能相互转换的功能材料。根据机械能与电能间转换关系压电效应有正压电效应与逆压电效应之分。沿某一特定方向对压电晶体施加应力时，会在与该外加应力垂直方向上的两端面出现数量相等而符号相反的束缚电荷的现象称之为正压电效应，此时对应将机械能转变为电能。逆压电效应则是当压电晶体在外电场作用下，由于晶体的电极化使得正、负电荷中心发生相对位移，导致晶体产生宏观形变且该形变量与外电场强度成正比的现象，此时对应将电能转化为机械能的过程。晶体是否出现压电效应由构成晶体的原子和离子的排列方式，即晶体的对称性所决定。在声波测井仪器中，发射探头利用的是正压电效应，接收探头利用的是逆压电效应。

　　压电常数表征压电体在压力下产生极化强弱（电压大小）的常数，反映反映力学量（应力或应变）与电学量（电位移或电场）间相互耦合的线性响应关系。选择不同的自变量（或是测量时选用不同的边界条件），可以得到 d、g、e、h 四组压电常数，而四者当中最为常用的是压电常数 d。其中纵向压电应变常数 d_{33} 是表征压电材料性能的最常用的重要参数，一般陶瓷的压电常数 d_{33} 越高，压电性能越好。d_{33} 下标中的第一个数字代表电场方向或电极面的垂直方向，第二个数字代表的是应力或应变的方向，"33"表示极化方向与测量时的施力方向相同。

　　压电参数的测量以电测法为主，电测法包括动态法、静态法和准静态法。动态法测试精度高，但对被测试样限制严格且测量过程烦琐，还存在无法测得试样极性的缺陷；静态法由于压电非线性及热释电效应，测量误差较大（30%～50%）；而准静态法在保留了动态法、静态法测量优点的基础上，放宽了对被测样品在形状、尺寸上的要求，准静态法可测量条状、柱状、片状、管状、环状甚至半球壳状等各种形状和尺寸的试样，实用性大大增强。此外准静态法还具有分辨率高、可靠性强、测量范围宽、操作简便等优点。

　　目前常采用 ZJ-3 型准静态 d_{33} 测量仪来测量压电材料的 d_{33} 压电常数，ZJ-3 型准静态 d_{33} 测量仪是为测量压电材料的 d_{33} 常数而设计出的专用仪器，既可用它来测量大压电常数的压电陶瓷，也可用于小压电常数的压电单晶及压电高分子材料的测量。在仪器测量头内，一个载荷约 0.25 N、频率为 110 Hz 的低频交变力通过上下探头施加到比较样品与被测试样上，由正压电效应产生的两个电信号经过放大、检波、相除等必要的处理后，最后将代表试样的 d_{33} 常数的大小及极性送三位半数字面板表上直接显示。ZJ-3 型准静态 d_{33} 测量仪在原 ZJ-2A 型压电测试仪的基础上增加了对被测元件的放电保护、放电提示以及被测波形输出等功能，使得仪器在测量未放电压电元件（尤其是大尺寸）时具备高电压放电提示和保护功能，ZJ-3 型准静态 d_{33} 测量仪是从事压电材料、压电元件生产、研究和应用所必备的仪器。

一、实验目的

（1）熟悉表征压电陶瓷电性能的各个特征参数；
（2）掌握纵向压电应变常数 d_{33} 的测试原理；
（3）熟悉 ZJ-3 型准静态 d_{33} 测量仪的测试操作。

二、实验原理

压电常数不仅与应力、应变有关，而且与电场强度以及电位移也有关。按压电方程，其压电材料的 d_{33} 可表示为：

$$d_{33} = \left(\frac{D_3}{T_3}\right)^E = \left(\frac{S_3}{E_3}\right)^T \tag{23.1}$$

式中　D_3——电位移分量的数值，单位为库仑每平方米（C/m^2）；

T_3——外加纵向应力的数值，单位为牛顿每平方米（N/m^2）；

E_3——电场强度，单位为伏特每米（V/m）；

S_3——在外加应力作用下产生的应变，单位为米（m）。

当压电陶瓷样品受力面积与释放电荷面积相等，且接在试样上的电容远大于试样的自由电容时，公式（23.1）可变形为以下公式（23.2）：

$$d_{33} = \left(\frac{Q_3}{A}\right) \div \left(\frac{F_3}{A}\right) = \frac{Q_3}{F_3} = \frac{CV}{F_3} \tag{23.2}$$

式中　Q_3——试样释放压力后所产生电荷量的数值，单位为库仑（C）；

A——压电陶瓷样品受力面积（或释放电荷面积），单位为平方米（m^2）；

F_3——试样在测量时所受外力数值，单位为牛（N）；

C——与试样并联的比试样大很多（100 倍左右）的大电容，单位为法拉（F），用以满足测量 d_{33} 常数时的恒定电场边界条件；

V——静电计所测得电压的数值，单位为伏特（V）。

三、实验仪器与材料

1. 仪　器

ZJ-3 型准静态 d_{33} 测量仪。

2. 材料与试剂

ZnO 压电陶瓷晶片。

四、实验步骤

（1）用两根多芯电缆把测量头和仪器本体连接好，接通电源。

（2）试样选挡：试样电容值小于 0.01 μF 对应 ×1 挡，小于 0.001 μF 对应 × 0.1 挡。

（3）把附件盒内的塑料片插于测量头的上下两探头之间，调节测量头顶端的手轮，使塑料片刚好压住为止。

（4）把仪器后面板上的 "d_{33}-力" 选择开关置于 "d_{33}" 一侧。

（5）使仪器后面板上的 d_{33} 量程选择开关，按照被测样品的 d_{33} 估计值，处于适当位置。

（6）在仪器通电预热 10 min 后，调节仪器前面板上的调零旋钮，使面板表指示 "0" 与 "-0" 之间。

（7）去掉塑料圆片，插入待测试样于上下两探头之间调节手轮，使探头与样品刚好夹持住，静应力应尽量小，使面板表指示值不跳动即可。静压力不宜过大，如力过大，会引起压电非线性，甚至损坏测量头。但也不能过小，以致试样松动，指示值不稳定。指示值稳定后，即可读出 d_{33} 的数值和极性。当测量大量同样厚度的试样时，则可轻轻压下测量头的胶木板，取出已测试样，插入一个待测样品后，松开胶木板即可，不必再调节测量头上方的调节手轮，这样既方便，还可使静压力保持一致。

（8）为减小测量误差，零点如有变化或换挡时，需重新调零。

（9）根据公式还可计算该试样的压电电压常数 g_{33} 值。

五、数据分析

1. 数据记录

通过多次测量记录并计算相应数值，填入表 23.1。

表 23.1　各性能参数值

C	V	F	d_{33}	g_{33}

2. 注意事项

（1）使用仪器设备之前，仪器至少预热 10 min；测试之前必须进行调零，且在测试过程中零点如有变化或换挡时，需重新调零；测量头中的上、下探头要清洁光亮，保持良好的导电性。

（2）随仪器一起提供有两种探头，为保证测量精度，至少试样的一面应为点接触，测量过程要求试样处于垂直、水平放置。一般推荐使用圆形探头（A 型）。当被测试样为圆管、弧形、尺寸较薄、较大或很小时，下探头换成平探头（B 型）为好。

（3）测试过程中，被测元件置于上下两探头之间，通过调节手轮使探头与样品刚好夹持住，静压力的影响尽量小。静压力过大，会引起压电非线性，甚至损坏测量头；静压力过小，会导致试样松动，指示值不稳定。测试"软性"材料和极薄的试样尤其要注意这一点。

（4）压电陶瓷元件在极化后的初始阶段，压电性能会发生一些明显的变化，随着极化后时间的延长，其性能越来越稳定，变化幅度也越来越小，所以试样应存放一段时间（比如 10 d）后再进行电性能的测试；对于刚刚极化完的压电试样，在短时间内即使进行多次放电过程也很难彻底将电量释放完，压电试样上仍然会存在少则几千伏、多则几万伏的电压。此时选择"安全模式"可使仪器在测量过程中能自动对被测元件进行放电，以确保仪器安全。在插入被测试样后，放电过程开始并自动完成，此时表头指示为零，按下"测量触发"键，表头才能显示出测量结果，该种情况下每测试一个样品，都要重复一次上述过程。在"安全模式"状态下，"放电提示"指示灯熄灭，"测量触发"按钮内的绿色发光二极管一直点亮。

3．思考题

（1）动态法、静态法和准静态法在测量 d_{33} 压电常数上有何不同？
（2）如何根据被测压电样品形状选择合适的探头类型？
（3）采取什么措施能防止测量头的锈蚀？

六、参考文献

[1] 中国船舶工业集团公司国营第七二一厂，中国船舶重工集团公司第七一五研. GB/T 3389—2008 压电陶瓷材料性能测试方法性能参数的测试[S]. 北京：中国标准出版社，2008.
[2] 张彬，靳子洋，陆永耕. 压电参数 d_{33} 特性测试装置设计[J]. 上海电机学院学报，2014，14（1）：11-14.

实验二十四　薄膜方块电阻的测试

【实验导读】

在众多透明导电氧化物薄膜材料中，以 Sn 掺杂的 In_2O_3（ITO）膜的导电性能最好。ITO

薄膜本质上是一种 N 型半导体，Sn 掺杂能在 In_2O_3 晶格结构造成的氧空缺，使其载流子浓度可达 $10^{20} \sim 10^{21}$ cm^{-3}，处于退缩或接近退缩状态，并且霍尔迁移率可达 30 $cm^2/V \cdot s$，这种微观结构使 ITO 膜的电阻率可在 10^{-4} $\Omega \cdot cm$ 数量级，处于非本征半导体硅电阻率（$10^{-5} \sim 10^{+5}$ $\Omega \cdot cm$）所定义的范围之内，因而可以采用测量半导体材料薄层方块电阻的方法对 ITO 膜层电阻进行测试分析，此方块电阻既能反映 ITO 膜层导电性能的好坏，又可以反映膜层的厚与薄，并且通过多点测试还能较好掌握整块薄膜面电阻的均匀状况。

方块电阻也称膜电阻，是指一个正方形的薄膜导电材料边到边之间的电阻，其数值大小与样品尺寸无关，单位为 Siements/sq（西门子/口），后增加 Ohm/sq（欧姆/口）表征方式，该单位直接翻译为方块电阻或者面电阻，用于膜层测量又称为膜层电阻。

目前国际上通用的半导体硅材料薄层方块电阻测量方法为四探针法。四探针法的优势是探针与半导体薄膜之间不要求制作接触用电极，极大程度上简化了样品电阻率的测量工艺。四探针法可测量样品沿径向分布的断面电阻率，从而可以观察电阻率的不均匀性。由于这种方法允许快速、方便、无损地测试任意形状样品的电阻率，适合于实际生产中的大批量样品测试。

SZT-2A 型数字式四探针测试仪是运用四线法测量原理的多用途综合测量装置，由主机配上专用的四探针测试架，可用于片状、块状、柱状半导体材料的径向或轴向电阻率和扩散层的薄层电阻（亦称方块电阻）的测量。该仪器的四探针测试架有电动、手动、手持三种类型供选配，试探头采用高硬度钢针和宝石导向轴套，具有定位准确，游移率小，使用寿命长等特点，液晶显示器显示测量类型（电阻率、方块电阻或电阻值）以及探头修正系数。主机由开关电源、DC/DC 变换器、高灵敏度电压测量部份、高稳定度恒流源以及微电脑控制系统组成。由于采用大规模集成电路使该仪器测量稳定性好、可靠性高，被广泛应用于半导体材料/器件企业、各类科研单位以及高等院校对半导体材料电阻性能的测试。

一、实验目的

（1）熟悉方块电阻的概念及特点；

（2）掌握四探针法测试 ITO 薄膜电阻的原理及操作；

（3）了解探头修正系数及确定方法。

二、实验原理

（1）直流四探针法主要用于半导体材料或金属材料等低电阻率的测量，四探针测试技术分为直线四探针法和方形四探针法，方形四探针法又可分为竖直四探针法和斜置四探针法，所用装置及与样品的连接如图 24.1 所示。由图 24.1 可见，测试过程中四根金属探针与样品表面接触，外侧 1 和 4 两根为通电流探针，内侧 2 和 3 两根是测电压探针。由恒流源经 1 和 4 两根探针输入小电流使样品内部产生电压降，同时用高阻抗的静电计、电子毫伏计或数字电压表测出其他两根探针（探针 2 和探针 3）之间的电压 V_{23}。随后根据样品在不同电流（I）下的电压值（V_{23}）计算出所测样品的电阻率。

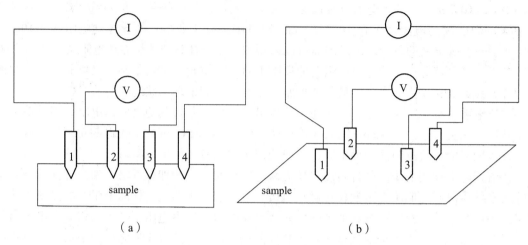

（a）　　　　　　　　　　　　　（b）

图 24.1　四探针法电阻率测量原理示意图

（2）（薄膜）扩散层的方块电阻（R_s）测量。

当半导体薄层尺寸满足于半无穷大平面条件时，方块电阻 R_s 为

$$R_s = \frac{\pi}{\ln 2} \times \frac{V_{23}}{I} = 4.53 \frac{V_{23}}{I}$$

如图 24.2 所示，再根据计算出的方块电阻 R_s 和薄膜厚度 H 还可计算薄膜的电阻率 ρ，公式为

$$\rho = R_s \times H$$

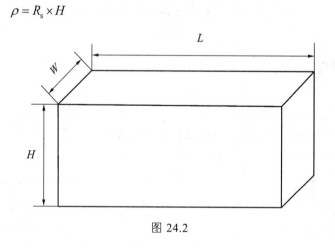

图 24.2

三、实验仪器与材料

1. 仪　器

（1）SZT-2A 四探针测试仪；

（2）万用电表；

（3）玻璃刀；

（4）镊子。

2. 材料与试剂

（1）ITO 导电玻璃；

（2）无水乙醇。

四、实验步骤

（1）预热：打开四探针电阻率测试仪的电源开关，使仪器预热 30 min。并提前用万用电表测试出 ITO 玻璃的导电面（薄膜面）。

（2）放置待测样品：首先拧动四探针支架上的铜螺柱，松开四探针与小平台的接触，用镊子将 ITO 样品放到测量平台上，薄膜面朝上，然后再拧动四探针支架上的铜螺柱，使四探针的所有针尖与样品均构成良好的接触。

（3）连接：将四探针的四个接线端子，分别接入相应的正确位置（如图 24.1），即接线板上最外面的端子对应于四探针的最外面的两根探针（1 和 4），应接入恒流源的电流输出孔上；而接线板上内侧的两个端子对应于四探针的内侧的两根探针（2 和 3），应接在电压表的输入孔上，运行自检程序。

（4）测量：恒流源部分选择合适的电流输出量程，并适当调节电流 I（粗调加微调），可以在电压表上读出薄膜在不同电流值下的电压值，利用公式计算 ITO 薄膜方块电阻及电阻率。

五、数据分析

1. 数据记录

通过多次测量记录相应数值，填入表 24.1。

表 24.1　各实验参数数值记录

测量次数	电流	电压	方块电阻	电阻率

2. 注意事项

（1）手动测试架，手持测试头，四端子电阻测试夹使用比较简单，在拧动四探针支架上的铜螺柱时，用手扶住四探针架，不要让它在样品表面滑动，以免探针的针尖划伤样品表面。

此外，铜螺柱不要拧得过紧，以免探针的针尖划伤样品，只要保证针尖与样品有良好接触即可在显示器上读出测量结果。

（2）在连接恒流源前、更换样品前以及切换恒流源的电流量程时都应先将其电流输出调节至零，以免造成电流对样品的冲击，电压表可选择在 0.2 V 或 2 V 量程。

（3）已知被测工件是半导体并且阻值大于 10 Ω 时，不要使用 10 mA 以上的恒流源，原因是 10 mA 以上的恒流源使用较低的工作电压，而半导体材料表面的接触电阻又较大，会使恒流源工作不正常。

（4）在选择电流时，对某些样品，最大的电流值对应的电压值一般不超过 5 mV，如果流过样品的电流过大，将会引起样品发热，影响测量结果。在某一电流值下测量电压时，可分别测量正反向电压，取平均值后再来计算样品的方块电阻及电阻率。

3．思考题

（1）方块电阻的特点是什么？其影响因素有哪些？
（2）四探针法测量薄膜材料电阻的原理和操作？
（3）薄膜电阻与块体电阻有何不同？

六、参考文献

[1] 刘新福，孙以材，刘东升．四探针技术测量薄层电阻的原理及应用[J]．半导体技术，2004，29（7）：48-51．
[2] 关自强．ITO 薄膜方块电阻测试方法的探讨[J]．真空，2014，51（3）：44-47．

实验二十五　电致变色性能测试

【实验导读】

电致变色效应（Eletrochromism，简称 EC）是指材料在交替变化（高低或正负）的外加电场作用下通过注入或抽取离子、电子等带电电荷，在低透过率的着色态与高透过率的消色态间产生可逆变化的一种特殊现象，在外观上表现为带颜色与无色透明的可逆变化。电致变色薄膜可以利用其透过率可控、具有记忆效应及反应速度快等性能优点制作成智能窗口、防眩晕后视镜、能源器件等，是一种具有巨大应用价值的显示型功能材料，可广泛应用于电子、信息建筑、能源以及国防等领域。主流的电致变色材料有三大类别：无机材料、有机小分子材料、共轭聚合物。无机材料主要是金属氧化物，包括阴极着色材料（如 V、Mo、W、Nb、

Ti 的氧化物）和阳极着色材料（如 Co、Ni、Ir 等的氧化物）；有机小分子材料典型代表为紫罗碱；共轭聚合物电致变色材料则包括聚吡咯、聚苯胺、聚噻吩等。

RST 系列电化学工作站是集各种电化学和电分析方法于一体的通用仪器。仪器能完成线性（循环、溶出）伏安、阶梯（循环、溶出）伏安、脉冲循环、溶出伏安、方波（循环、溶出）伏安、交流（循环、溶出）伏安等基本的电化学分析技术；还可以完成恒电位（电流）极化、电位（电流）0931-2757197 单、多阶跃、塔菲尔测量、电流（电位）脉冲电镀、电池充放电测量和交流阻抗等 50 多项电化学测试功能。

RST 系列电化学工作站产品全部由高品质 CMOS 和 BiFET 集成电路组成，主要器件全部采用进口优质品。PCB 采用当代 EDA 设计规范及工艺。采用数控低量化噪声扫描方式，有效地降低了因扫描发生器所产生的阶梯波的量化噪声及差分噪声。具有控制精度高、响应速度快、性能稳定、结构紧凑、自动化程度高等特点。

RST 系列电化学工作站数据采集与数据处理的软件是基于 windows 2000/XP 及以上版本操作系统的软件，用户界面遵守 Windows 软件的设计规则，容易安装和使用。系统软件为方便使用者提供了强大的辅助功能，包括文件管理，全面的实验控制，灵活的图形显示，方便的图形放大、缩小和还原，位图图形和数据的导出，曲线数字平滑、微分和积分，极化曲线叠加及扣除、放大和缩小，电化学参数解析等多种数据处理功能。系统软件具有良好的用户界面，全中文菜单，方便的峰识别和叠加，更为方便地为教学和科研服务。

一、实验目的

（1）了解电致变色材料的种类及应用；
（2）熟悉电致变色原理与相关参数的意义与测试方法；
（3）掌握电化学工作站的特点、使用方法及循环伏安特性的测量原理。

二、实验原理

1. 循环伏安特性测试

循环伏安法是电化学工作站中最基本的测量方法，Li^+ 离子嵌入-脱出循环伏安特性是阴极材料的关键性质，也是判断该阴极材料性能好坏的重要指标。因此本实验采用循环伏安法对 WO_3 电致变色性能进行测试。循环伏安法是在面积恒定的工作电极上加上对称的三角波扫描电压（见图 25.1）。

三角波的前半部分是阴极扫描过程，电极上发生还原反应，电流响应是峰形的阴极波；而后半部分的三角波对应阳极扫描过程，电极上发生氧化反应，电流响应是峰形的阳极波。因此一次三角波电压扫描，电极上完成一个还原-氧化的循环故形象称之为循环伏安法，所记录的 I-V 特性曲线如图 25.2 所示。

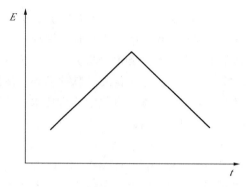

图 25.1　三角波扫描电压示意图

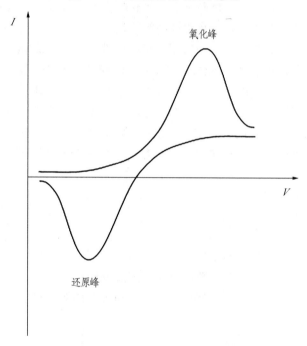

图 25.2　循环伏安特性曲线示意图

　　循环伏安法是研究电极反应机理的有效手段，从循环伏安曲线上可获得用于判断电极反应可逆性的重要依据，比如从阳极峰、阴极峰的峰高及峰位，可以评价电极反应的可逆性。

2. 电致变色器件的结构

　　电致变色器件（ECD）的标准结构是一种多层夹心结构，依次为基底-电极/电致变色层/电解质层/离子存储层/电极-基底，如图 25.3 所示。

　　（1）电致变色层是 ECD 的核心，也是多数文献研究的重点，根据朗伯-比尔定律，电致变色材料的吸光度与其传播光程满足以下关系：

$$A = \log\left(\frac{I_0}{I}\right) = bcd$$

式中　　A ——吸光度；

I_0——入射光强度；

I——出射光强度；

b——光吸收比例系数；

c——样品浓度；

d——光程。

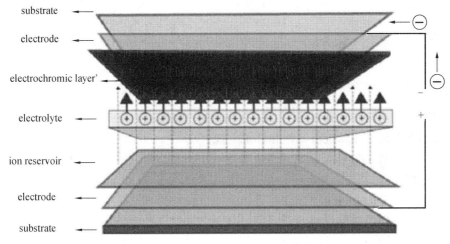

图 25.3 电致变色器件（ECD）的标准结构示意图

在其他条件一定时，着色深度和褪色强度值会随薄膜厚度的增加而升高。因而为了获得较高的着色/褪色对比度，通常会采用几百纳米甚至到十几个微米的电致变色层厚膜，由于电子和离子在薄膜内的运动距离的增加，此操作带来的问题是薄膜着色响应时间尤其是褪色响应时间会变长。

（2）电解质层通常由电解质溶解到相关溶剂中组成，如 $LiClO_4/PC$、H_2SO_4 水溶液、[BMIM]PF_6 水溶液、$NaCl$ 水溶液等，其中 $LiClO_4/PC$ 是实验研究中最常用的电解质。这是因为电解质必须是离子的良导体，电子的绝缘体，与电致变色层相兼容，并且阳离子半径要绝对小，方便其在电致变色层内进出，利于器件获得较快的变色速度。对于透射型的电致变色器件，电解质层应具有较高的光透过率。

（3）离子存储层是在器件工作时存储与变色层相反的粒子，起到平衡电荷的作用。理想的离子存储层应具有较高的电子和离子传输能力，良好的氧化还原能力，以增加器件的使用寿命。以 WO_3 变色层材料为例，其对电极可以用 WO_3，也可以是氧化镍（NiO）、聚乙撑二氧噻吩（PEDOT）、聚苯胺（PANI）、普鲁士蓝（PB）等。

WO_3 膜电致变色机制是研究最早、也是目前研究得最多的变色材料，目前人们普遍接受的导致膜层发生电致变色的模型是离子和电子在玻璃两侧的注入与抽出，相关反应方程式为

$$WO_3 + xM^+ + xe^- \Leftrightarrow M_xWO_3$$

反应式中，M^+ 为 H^+、Li^+、Na^+ 等小半径正离子。Faughnan 等人认为：注入电子被局域于某一 W^{5+} 离子并进入其 5d 轨道中，为了维持电中性，注入的 M^+ 正离子也将驻留在该区域内，继而形成钨青铜型结构 M_xWO_3，由于 W^{5+} 离子与 W^{6+} 离子混价共存并分处 2 个能级上，

当其发生电子的能级跃迁效应时而产生相应的电致变色现象。

在对应的循环伏安曲线中，当电压从 1 V 扫描至 –1 V 时，样品由无色变为深蓝色，表明 Li^+ 和电子注入到 WO_3 薄膜中，着色过程出现阴极峰，阴极发生还原反应：$W^{6+} \rightarrow W^{5+}$，结果产生蓝色钨青铜结构；相反当电压从-1V 扫描至 1V，样品会由深蓝色变为无色，此褪色过程出现阳极峰，阳极发生氧化反应：$W^{5+} \rightarrow W^{6+}$，对应着 Li^+ 和电子从钨青铜结构中抽出。

三、实验仪器与试剂

1. 仪 器

（1）RST 系列电化学工作站；

（2）玻璃碳电极、铂丝电极、饱和甘汞电极；

（2）UV-2550 型双光束紫外-可见分光光度计；

（3）抛光机；

（4）电子天平（0.001 g）；

（5）烧杯、量筒等玻璃仪器。

2. 试剂和材料

（1）WO_3 电致变色薄膜；

（2）无水乙醇（EtOH）；

（3）硝酸（HNO_3）；

（4）高氯酸锂（$LiClO_4$）：使用前于 80 ℃ 真空恒温箱中干燥 24 h；

（5）碳酸丙烯酯（PC）：使用前需回流处理。

（6）去离子水，自制。

四、实验步骤

1. 伏安特性测试

（1）电解液的配制。

用电子天平准确称量 1.064 g 的 $LiClO_4$ 溶解于 10 mL 的 PC 中，配制成 1 mol/L 的 $LiClO_4$/PC 溶液。

（2）工作电极的预处理。

用抛光粉（Al_2O_3，200～300 目）将电极表面磨光，并在抛光机上抛成镜面（如果事先已经抛光处理过的电极，不需上面的处理），最后分别在 1：1 乙醇、1：1HNO_3 和去离子水中超声振荡清洗。

（3）插入电极。

在电解池中放入已配制好的 1 mol/L 的 $LiClO_4$/PC 溶液，插入 WO_3 薄膜/ITO 玻璃工作电极、铂丝辅助电极和饱和甘汞参比电极，通 N_2 除 O_2。

（4）测试。

选择循环伏安法，扫描速率设置为 50 mV/s，在 – 1 000 ~ +1 000 mV 范围内进行扫描，记录 $LiClO_4$/PC 溶液的循环伏安曲线。

（5）每次设置不同的扫描速率，重复步骤（4）的测量操作，得出 WO_3 薄膜多次循环的循环伏安曲线。

2. 电致变色性能测试

在 UV-2550 型双光束紫外-可见分光光度计空槽内安装上电解池后，通过与 RST 电化学工作站联用的形式可测量不同电压极化后 WO_3 薄膜的吸光度及透过率等光学性能，观察其变色行为，操作步骤如下：

（1）开机后初始设定各参数范围，检查仪器反射镜位置是否为所需灯源位置；

（2）在其中一只比色皿中放入待测试样，将比色皿放入样品池内的比色皿架，夹子夹紧，盖好样品池盖；

（3）在不同电压作用后，测量样品的吸光度和透过率，记录相应数据。

五、数据分析

1. 数据记录

记录不同电压极化后的吸光度，填入表 25.1。

表 25.1　不同极化电压对应的 WO_3 薄膜的吸光度

极化电压（U）						
吸光度（A）						

2. 注意事项

（1）打磨电极时应稍大用力，至少打磨和超声 5 min，避免阴、阳极电势差过大。其原因是在电极与电解质之间电子的转移需要平整的界面，光滑洁净的电极表面才有利于电子在不同物质之间的转移。

（2）工作中电极间不能短路，否则损坏仪器，同时不要拉扯电极顶端的电线，避免信号断路。

（3）工作电极在正式测试之前先用较大速率扫描，目的是活化电极，避免扫描曲线持续波动现象的出现。

（4）工作电极电位是指工作电极表面与溶液的固液界面间的界面电位，当位于平衡电位时两相界面间没有电子流动。当电极电位正于平衡电位时发生氧化反应，电极反应发生的方向性问题只与平衡电位有关，正于平衡电位即被氧化，反之则被还原。如果还没有等到电流完全衰减到零就进行反扫，开始一段肯定是氧化态的三氧化钨的继续还原，此时表观电流为负电流，当电位反扫到一定值时氧化反应开始，表观电流为正电流。

3．思考题

（1）循环伏安曲线上电流的峰值与所采用的扫描速率有何关系？
（2）LiClO$_4$/PC 电解液的浓度会如何影响 WO$_3$ 的伏安特性？
（3）WO$_3$ 的颜色变化如何表征？

六、参考文献

[1]　路淑娟，王唱，赵博文，等. PEG 改性氧化钨薄膜的电致变色特性[J]. 无机材料学报，2017，32（2）：185-190.
[2]　沈庆月，陆春华，许仲梓. 电致变色材料的变色机理及其研究进展[J]. 材料导报，2007，25（8）：284-288.

实验二十六　水体中光催化性能测试

【实验导读】

社会经济的快速发展，使能源短缺、环境污染等问题日益突出，怎样合理高效地利用有限的自然资源、有效控制并逐步彻底解决环境污染问题已成为科学界的研究热点。解决这一问题迫切需要开发能耗低、效率高、应用广、环境友好的新型功能材料，以实现生态和经济的可持续发展。近年来兴起的光催化氧化技术提供了一种合理利用能源兼顾治理环境污染的理想途径。

1972 年日本科学家 Fujishima 和 Honda 首次报道 TiO$_2$ 能够光催化分解水制氢的成果后，半导体光催化技术的开发和研究引起了各界的广泛关注。光催化是纳米半导体的独特性能之一，光催化氧化反应是在光和催化剂共同作用下发生的化学反应，光催化过程中把光能转化为化学能。作为一种污染治理新技术，半导体多相催化法与其他方法相比具有高效节能、清洁无毒、工艺简化、无二次污染等优点。通过光催化能有效将有机污染物氧化并彻底矿化为 H$_2$O、CO$_2$、N$_2$ 等无机的小分子，将有机变无机化，消除对环境的威胁。半导体光催化技术在空气净化、各种生物难降解有机废水处理、综合废水处理、生活用水的深度处理等方面有着广阔的应用前景，许多自然难降解或用其他方法难以去除的物质，均可考虑利用光催化进行降解，例如目前报道和成果较多的有机染料、抗生素等废水处理。

光催化降解产物的研究一直是环境化学所关注的重要问题,目前有多种不同测试手段(如紫外、高效液相、色谱、质谱、色质联用等)均可应用于光催化降解中间产物的测试分析。光催化性能的表征是评价光催化材料及其制备工艺优劣的关键,不仅在理论研究中获得广泛的关注,而且随着光催化技术的迅速发展和广泛的工业化应用,光催化性能标准测试方法的建立是实现不同光催化材料和光催化材料制备工艺评价的基础。

一、实验目的

(1)熟悉光催化材料的种类及特性;

(2)掌握粉体光催化剂在水体中光催化性能的测试方法及操作流程;

(3)了解光催化材料的应用领域。

二、实验原理

液相环境下处于光催化反应器中的光催化剂,分散或固定在溶液里,通过特定波长特定强度的光线辐照,光催化剂吸收入射光线,激发产生电子和空穴,并迁移到光催化剂的表面与溶液中的反应物探针分子发生作用,把探针分子降解为其他无毒害的小分子物质。通过测定溶液中探针分子的浓度随光催化反应时间的变化分布,可以对光催化剂的催化氧化降解性能进行表征。

三、实验仪器与试剂

1. 仪　器

(1)双光束紫外可见分光光度计;

(2)石英比色皿(口径 1 cm);

(3)光催化反应仪(XPA);

(4)汞灯(紫外光源)或氙灯(可见光源,420 nm 的截止滤光片屏蔽紫外线部分);

(5)电子天平(0.000 1 g);

(6)过滤头或滤膜(0.45 μm);

(7)注射器(10 mL);

(8)离心机(~ 4 000 r/min);

(9)量筒、烧杯、洗瓶、滴管。

2. 试　剂

(1)亚甲基蓝($C_{16}H_{18}ClN_3S$),AR 级;

(2)$BiVO_4$光催化剂粉体,自制;

（3）镜头纸；

（4）去离子水，自制。

四、实验步骤

1. 标准工作曲线的绘制

称取一定量的亚甲基蓝用去离子水配制成浓度分别为 4 mg/L、6 mg/L、8 mg/L、10 mg/L、12 mg/L、14 mg/L、16 mg/L 的 25 mL 水溶液。首先以去离子水扫基线调零后，通过紫外-可见分光光度计测量各浓度溶液在 664 nm 波长处的吸光度 A，以亚甲基蓝溶液的浓度（mg/L）为横坐标，各浓度溶液对应的吸光度为纵坐标绘制标准工作曲线 $A \sim \rho$。

2. 测定光化学降解空白

量取 20 mL 配置好的浓度为 10 mg/L 亚甲基蓝溶液倒入玻璃管中并放入搅拌磁子，置于光催化反应仪中。在不加光催化剂的条件下打开磁力搅拌开关搅拌反应器内的溶液。随即开启开启紫外灯或氙灯，光照 60 min 后在紫外可见分光光度计上以去离子水扫基线后于 664 nm 处测量该溶液的吸光度数值。对照拟合的 $A \sim \rho$ 标准工作曲线查找得出亚甲基蓝溶液的光化学降解后的浓度 ρ_p。

3. 测定光催化剂粉体暗反应空白

量取 20 mL 配置好的浓度为 10 mg/L 亚甲基蓝溶液倒入玻璃管中并放入搅拌磁子，置于光催化反应仪中。在磁力搅拌的条件下，把适量（8 mg）光催化剂粉体加入到反应溶液中。在无光照条件下磁力搅拌 30 min 使之达到吸附-解吸平衡，静置 30 min 后取 2 mL 溶液以 3 000 r/min 离心分离 3 ~ 5 min，取其上清液经滤膜过滤后在紫外可见分光光度计上以去离子水扫基线后于 664 nm 处测量上清液的吸光度数值。对照拟合的 $A \sim \rho$ 标准工作曲线查找得出亚甲基蓝落液经暗反应后的浓度 ρ_d。

4. 测定光催化剂粉体的光催化降解活性

量取 20 mL 配置好的浓度为 10 mg/L 亚甲基蓝溶液倒入玻璃管中并放入搅拌磁子，置于光催化反应仪中。在磁力搅拌的条件下，把适量（8 mg）光催化剂粉体加入到反应溶液中。分散均匀后，开启紫外灯或氙灯，光照条件下反应 60 min，结束后静置 30 min 取 2 mL 溶液以 3 000 r/min 离心分离 3 ~ 5 min，取其上清液经滤膜过滤后在紫外可见分光光度计上以去离子水扫基线后于 664 nm 处测量上清液的吸光度数值。从工作曲线上中查得亚甲基蓝溶液经光催化降解后的浓度 ρ_c。

5. 测试光催化材料的稳定性

按上述光催化活性测试方法将污染物（亚甲基蓝）浓度放大到 100 mg/L 进行实验，持续反应 48 h 后分别测定光化学降解后、暗反应后及光催化降解后的浓度，以此计算光催化对亚甲基蓝的去除率。再把经反应过的催化剂回收重复一次上述测试过程，计算第二次光催化去除率，对比两次光催化实验的去除率判断该光催化材料对液相降解净化的稳定性。

五、数据分析

1. 数据记录

记录不同浓度所对应的吸光度数据填入表 26.1 中，并通过 origin 软件绘制浓度-吸光度（A-ρ）拟合标准曲线。

表 26.1　亚甲基蓝不同浓度所对应的吸光度值

浓度（mg/L）					
吸光度					

2. 亚甲基蓝光催化降解速率的计算

以字母 Q 表示光催化剂粉体对亚甲基蓝光催化降解速率，单位为 μg/（min·g），计算公式为

$$Q = \frac{(\rho_p + \rho_d - \rho_0 - \rho_c) \times V}{t \times m} \times 10^3$$

式中　ρ_0——亚甲基蓝的初始浓度，单位为 mg/L；

ρ_p——光化学反应 60 min 后的亚甲基蓝溶液的浓度，单位为 mg/L；

ρ_d——暗反应 30 min 后的亚甲基蓝溶液的浓度，单位为 mg/L；

ρ_c——光催化化学反应 60 min 后的亚甲基蓝溶液的浓度，单位为 mg/L；

V——亚甲基蓝反应溶液总体积，单位为 L；

t——测试时间，单位为 min；

m——光催化剂粉体的质量，单位为 g。

3. 亚甲基蓝光催化去除率的计算

以字母 R 表示光催化剂粉体对亚甲基蓝光催化去除率，其数值用 % 表示，计算公式为

$$R = \frac{8 \times 10^{-3} \times (\rho_p + \rho_d - \rho_0 - \rho_c)}{m \times \rho_0} \times 100$$

式中　m——光催化剂粉体的有效质量，单位为 g。

4. 光催化剂稳定性计算

以字母 D 表示光催化剂粉体的稳定性，其数值用 % 表示，计算公式为

$$D = \frac{R_{c2nd}}{R_{c1st}} \times 100$$

式中　　R_{c1st}——第一次的光催化去除率，其数值用 % 表示；

　　　　R_{c2nd}——经 48 h 高浓度强化实验后第二次标准测试的光催化去除率，其数值用 % 表示。

5．注意事项

（1）不同形状的样品，其降解速率、去除率等计算方法也不相同。样品粒度在 1 mm 以下的被划分为粉末样品，样品按质量计算，而粒度超过 1 mm 的被划分为大颗粒样品，样品按体积计算；对于具有二维大小的薄膜或大片状样品，长 70 mm ± 1 mm、宽 30 mm ± 1 mm、厚度不超过 10 mm，样品按面积进行计算。本实验仅对光催化剂粉末样品进行阐述。

（2）样品在测试前需进行预处理，处理好后应立即进行测试，若不能立即测试的样品必须保持在干净无污染性气体的气密性容器中；预处理的方法是将样品置于紫外灯下保持光照 8 h 以上，目的是确保其表面附着的有机污染物已被彻底分解。

（3）紫外光采用 H 型管状汞灯做辐照光源，功率控制在 8～11 W，主波长 254 nm 或 365 nm；可见光则采用氙灯做辐照光源，功率 300～500 W，主波长 400～760 nm，需用 420 nm 的截止滤光片屏蔽掉 420 nm 以下波长的紫外线部分。

（4）辐照强度：对于紫外光活性测试，样品表面的紫外光光照强度为 $(1.5 ± 0.05)$ mW/cm^2；对于可见光活性测试，样品表面的可见光光照强度为 $(30 ± 0.1)$ mW/cm^2。

（5）紫外光对人眼和皮肤均有伤害，若采用紫外光源在实验过程中应小心谨慎，光催化反应器必须密不透光，另外打开光源后应避免眼睛直视观察。

6．思考题

（1）为什么实验中亚甲基蓝的浓度选择为 10 mg/L？

（2）大颗粒、薄膜或大片状光催化样品的光催化性能如何测试和计算？

（3）亚甲基蓝溶液的浓度与吸光度如何进行转换？

（4）除了紫外-可见分光光度计还可以采用哪些仪器表征光催化剂在水体中的催化降解活性？

六、参考文献

[1]　中国科学院理化技术研究所. GB/T 23762—2009 光催化材料水溶液体系净化测试方法 [S]. 北京：中国标准出版社，2009.

[2]　李远勋. Zn 掺杂 TiO$_2$ 薄膜制备及其光催化降解亚甲基蓝[J]. 生物技术世界，2013，3：147-148.

[3]　杨卫军，张静余，严敏鸣. 亚甲基蓝检测方法及代谢动力学研究进展[J]. 食品安全质量检测学报，2018，9（10）：2 419-2 423.

[4]　戴博琳，陶红，宋晓锋. 不同形态二氧化钛-石墨烯复合材料的表征及光催化性能研究 [J]. 理化检验（化学分册），2016，52（2）：129-134.

实验二十七 铁电材料电滞回线测试

【实验导读】

铁电材料是一类在一定温度范围内能自发极化，并且其自发极化方向可跟随外电场可逆转动的晶体材料。铁电材料同时具有优异的铁电、热释电、压电、介电性能，被广泛应用于铁电存储、红外探测、压电驱动、电容等领域。除了自发极化，铁电材料的另一个主要特征是具有电滞回线（见图 27.1），即材料内部极化强度随外电场变化呈现出的非线性关系。从电滞回线可以得出矫顽力（E_c）、剩余极化强度（P_r）、饱和极化强度（P_s）等重要的铁电性能特征值。

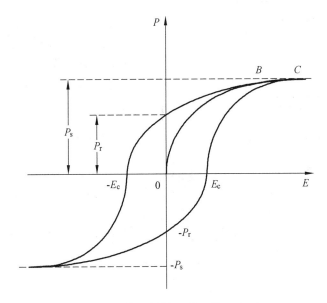

图 27.1 铁电材料电滞回线示意图

铁电材料中具有相同自发极化方向的一个小区域被称为一个电畴，通常情况下铁电体内会存在着多个电畴，这些电畴是产生电滞回线的必要条件。未施加外电场时，铁电体中的自发极化为任意取向，因而并不呈现宏观上的极化现象。当施加外电场且外电场大于铁电体的矫顽力时，由于新畴核的形成和畴壁的运动，沿电场方向的电畴体积迅速扩大，与之相反，逆电场方向的电畴体积减小甚至消失，总体上表现为逆电场方向的电畴转化为顺电场方向，使极化强度 P（表面电荷 Q）与外电场强度 E（外电压 V）之间构成图 27.1 所示的电滞回线关系。

铁电材料本身是一种电介质，当其两面涂上电极构成电容器后同样存在着电容和电阻效应，此时一个铁电试样的等效电路如图 27.2 所示。

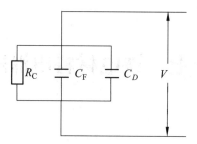

图 27.2　铁电测试等效电路图

C_F—铁电材料电畴反转对应的等效电容；C_D—铁电材料线性感应极化对应的等效电容；
R_C—铁电材料的漏电流和感应极化损耗对应的等效电阻。

若在试样两端加上交变电压，试样两端的电荷 Q 将由铁电效应电荷 Q_F、电容效应电荷 Q_D、电阻效应电荷 Q_C 三部分组成（见图 27.3）。

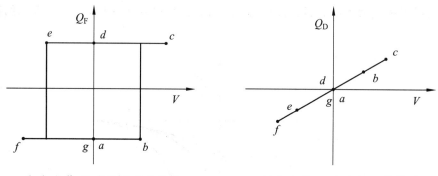

（a）电荷 Q_F 与电压 V 的关系　　　　（b）电荷 Q_D 与电压 V 的关系

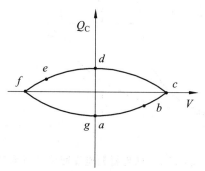

（c）电荷 Q_C 与电压 V 的关系

图 27.3　电荷 Q_F、Q_D、Q_C 与电压 V 的关系

（1）铁电效应电荷 Q_F：铁电体的电畴翻转过程所提供的电荷。当 $E < E_c$ 时，电畴不发生翻转，电荷 Q_F 不发生改变；当 $E > E_c$ 时，电畴迅速翻转，电荷 Q_F 突变。当电畴全部反转之后继续增大 E，电荷 Q_F 会保持不变。因而，理想的铁电材料其电滞回线应为一矩形。

（2）电容效应电荷 Q_D：铁电体表面涂上电极后相当于一个电容器，在外电场作用下会发生感应极化所产生的电荷。感应极化所提供的电荷 Q_D 和电压 V 成正比，是一条过原点的直线。

（3）电阻效应电荷 Q_C：电导和感应极化损耗提供的电荷。Q_C 是材料中电流与时间的积分（其中电流与电压 V 成正比），积分得到的电荷 Q_C 与电压 V 的关系为一椭圆。

上述三种电荷中，Q_D、Q_C 均与铁电材料电畴极化翻转过程无关，只有电荷 Q_F 与电压 V 的关系真正反映电畴的翻转过程，但实测全电滞回线（如图 27.1）包含三者的影响。Q_D 会引起 Q_F 的倾斜，但理论上不影响 Q_F、V_C 的数值；而 Q_C 会使 Q_F 和 V_C 测得的数值偏高，尤其当电容和电阻效应很大时，会引起较大误差，甚至掩盖电畴翻转过程的特征，形成一个损耗椭圆，以致一些研究者把一部分并无电畴过程的电介质也认为是铁电体。因此，正确获得电滞回线和铁电参数是准确表征铁电性能的前提。

一、实验目的

（1）熟悉铁电材料的种类及特性；
（2）掌握铁电材料电滞回线的测量和分析方法；
（3）了解铁电测试仪的工作原理和使用操作。

二、实验原理

1. Sawyer-Tower 回路

测量电滞回线的方法中应用最广泛的是 Sawyer-Tower 方法，它是一种建立较早，已被大家广泛接受的非线性器件的测量方法，目前仍然是大家用来判断测试结果是否可靠的一个对比标准。如图 27.4 是改进的 Sawyer-Tower 方法的测试原理示意图，它将待测器件与一个标准感应电容 C_0 串联，测量待测样品上的电压降（$V_2 - V_1$）。其中标准电容 C_0 的电容量远大于试样 C_x，因此加到示波器 x 偏向屏上的电压和加在试样 C_x 上的电压非常接近；而加到示波管 y 偏向屏上的电压则与试样 C_x 两端的电荷成正比。因此可以得到铁电样品表面电荷随电压的变化关系，分别除以电极面积和样品厚度即可得到极化强度 P 与电场强度 E 之间的关系曲线。

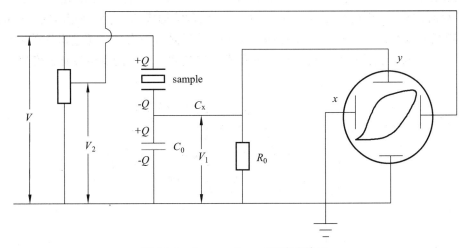

图 27.4　Sawyer-Tower 回路连接图

2. RT Premier Ⅱ型标准铁电测试仪

本实验中的铁电性能测试采用美国 Radiant Technology 公司生产的 RT Premier Ⅱ型标准铁电测试仪。该仪器采用 Radiant Technologies 公司开发的虚地模式，如图 27.5 所示。待测的样品一个电极接仪器的驱动电压端（Drive），另一个电极接仪器的数据采集端（Return）。Return 端与集成运算放大器的一个输入端相连，集成运算放大器的另一个输入端接地。集成运算放大器的特点是输入端的电流几乎为 0，并且两个输入端的电位差几乎为 0，因此，相当于 Return 端接地，称为虚地。样品极化的改变造成电极上电荷的变化，形成电流。流过待测样品的电流不能进入集成运算放大器，而是全部流过横跨集成运算放大器输入输出两端的放大电阻。电流经过放大、积分就还原成样品表面的电荷，而单位面积上的电荷即是极化。这一虚地模式可以消除 Sawyer Tower 方法中感应电容产生的逆电压和测试电路中的寄生电容对测试信号的影响。

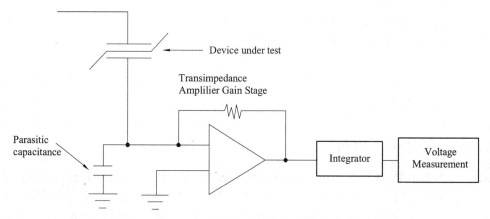

图 27.5　Premier Ⅱ型铁电测试仪虚地模式电路示意图

3. 电滞回线的测量

图 27.6 是测量电滞回线所用的三角波测试脉冲。第一个负脉冲为预极化脉冲，它只是将待测样品极化到负剩余极化（Pr）的状态，并不记录数据。间隔 1 s 后，施加一个三角波来测试记录数据，整个三角波实际是由一系列的小电压台阶构成的，每隔一定时间（Voltage step delay），测试电压上升一定值（Voltage step size），然后测试一次，并通过积分样品上感应的电流可以算出电极表面的电荷，除以电极面积即可得到此电压下的剩余极化强度值。

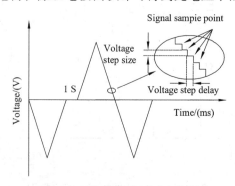

图 27.6　电滞回线测试脉冲图

三、实验仪器与试剂

1. 仪　器

（1）RT Premier Ⅱ型标准铁电测试仪；
（2）示波器；
（3）镊子。

2. 试剂和材料

（1）铁电陶瓷或薄膜；
（2）高压硅油。

四、实验步骤

主要通过操作铁电测试仪控制软件 Vision，测量铁电材料的电滞回线并从回线上得出剩余极化强度 P_r，自发极化强度 P_s，以及矫顽场 E_c。调整测试电压强度和频率，得到不同电压强度，不同频率下的电滞回线，研究剩余极化强度 P_r，和矫顽场 E_c 随电压强度和频率的变化关系。

（1）启动铁电测试仪，运行铁电测试软件 Vision。
（2）将信号输入端（Drive）和接收端（Return）通过导线连接到待测铁电材料的上下电极。
（3）运行电滞回线测量程序，设定测试电压强度和频率等参数进行测试，如图 27.7 所示。

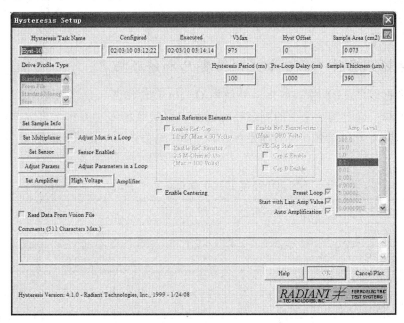

图 27.7　电滞回线测量设置界面

（4）执行程序得到电滞回线，如图 27.8 所示，可以得到该测试条件下的自发极化强度 P、剩余极化强度 P_r 和矫顽场 E_c，导出数据。

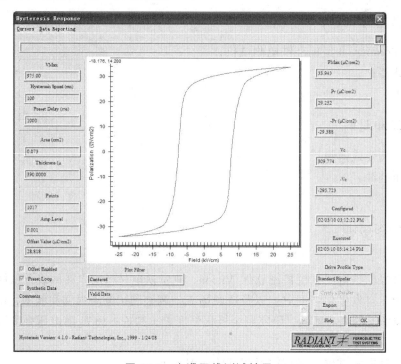

图 27.8　电滞回线测试结果

（5）分别改变测试的电场强度和频率测量一系列电滞回线。

五、数据分析

1. 记录不同条件下的制余极化温度 P_r 和矫顽场 E_c

将测试数据以"text"格式导出，并使用 Origin 软件作图，绘制电滞回线图。测量不同不同电场强度和不同电场频率下的剩余极化强度 P_r、矫顽场 E_c，并将所得数据填入表 27.1。分别以电场强度 E 和电场频率 f 为横坐标，以 P_r 和 E_c 为纵坐标绘图，观察 P_r 和 E_c 随 E 和 f 的变化规律。

表 27.1　不同电场强度 E 和不同电场频率 f 下的 P_r 和 E_c 值

电场强度（E）							
剩余极化强度（P_r）							
矫顽场强度（E_c）							
电场频率（f）							
剩余极化强度（P_r）							
矫顽场强度（E_c）							

2．注意事项

（1）根据所测材料的不同选择不同的电压，薄膜一般比较薄（约几百 nm），所需电压较低（约几十伏），一般选内置低压电源（Internal Voltage Source），测量范围为 0～100 V。陶瓷一般选用经过放大器输出的外部高电压，测量范围为 0～9 999 V。

（2）高压测试时务必小心，用耐高压硅油掩盖待测样品，高压输出灯亮时，切勿碰触样品、探针和机箱，以免触电。高压测试时请将低压测试线从主机面板插孔拔出。测试时先从低压测起，逐步提高电压，以防样品被击穿。

（3）一个测量结束后，要立即关掉高压工作界面的电源，当要进行下一个测量时再打开高压工作界面的电源。

（4）当样品为铁电陶瓷时需将其减薄至 0.2 mm 以下测试，减薄后铁电陶瓷双面印刷电极，500～600 ℃烧银处理得到上下电极，连接时注意两电极不要短路。

3．思考题

（1）如何从电滞回线得出剩余极化强度、饱和极化强度和矫顽场的大小？电滞回线的面积代表什么含义？

（2）电滞回线的形状与哪些因数相关，如何判断其铁电性能的好坏？

（3）如何建立铁电材料性能和应用之间的联系？

六、参考文献

[1]　宋江闯，赵会玲. 聚偏氟乙烯共聚物薄膜铁电性能和电容特性研究[J]. 化工新型材料，2014，42（2）：152-154..

[2]　曾涛，白杨，沈喜训，等. 多孔 PZT95/5 铁电陶瓷的机械性能和铁电性能研究[J]. 无机材料学报，2014，29（7）：758-762.

实验二十八　功能配合物材料的荧光探针实验

【实验导读】

当用一束光照射物质时，物质会吸收光能量，导致其电子从基态跃迁到激发单重态，处于激发态的电子不稳定，它们一部分以辐射跃迁和非辐射跃迁的方式返回基态，返回基态时辐射跃迁伴随着发光，这里以辐射跃迁方式返回基态时发出的光叫荧光；另一部分通过系间窜越跃迁到激发三重态，然后再以辐射跃迁和非辐射跃迁两种方式跃迁回基态，此时的辐射跃迁发出的光叫磷光。当照射物质的光消失时，磷光可以持续一段时间，而荧光则会随之消失。荧光材料一般可分为无机荧光材料和有机荧光材料，而配合物是将无机金属和有机配体结合在一起，通过金属中心和有机配体之间的相互作用而发光。近年来，研究者报道了大量的荧光配合物。其中，稀土配合物因其稀土离子独特的发光机制，备受研究者 的青睐。而配合物荧光探针的探索和开发成为研究者关注的焦点。

随着经济的发展和人们生活水平的提高，越来越多的人开始重视人类健康和环境保护，所以探索能够识别污染环境、对人体有害物质的荧光探针显得十分重要。配合物作为新型无机–有机杂化材料是一类具有很大应用潜能的荧光探针材料，这是因为构筑配合物的金属离子和有机配体都具有很大的选择性，配合物的合成具有可控性、其结构具有可调性及对环境的友好性。

目前，文献中已经相继报道了许多优秀的荧光探针配合物，主要集中在对阳离子的识别、阴离子的识别和有机小分子的识别。这些荧光探针配合物大多是稀土金属配合物，这归功于稀土离子的 f-f 电子跃迁所具有的独特的发光性质。稀土金属配合物荧光的优势在于其激发波长范围宽，Stokes 位移大，荧光寿命长，f-f 电子跃迁的荧光特征发射峰尖锐等。同时，稀土离子的外层电子对 4f 电子的屏蔽作用，致使其荧光特征发射峰的峰形和峰位仅依赖于稀土离子的内禀性，而与配体分子的结构关系不大，几乎不受外界环境的影响。

一、实验目的

（1）掌握功能配合物材料发射荧光的原理；

（2）了解功能配合物材料对分子识别的实验思路；

（3）熟悉功能配合物材料荧光探针实验的实验操作。

二、实验原理

稀土离子的吸收范围较窄，其吸收光谱为线状光谱，因此稀土无机盐的荧光很弱。而稀土配合物中有机配体的吸收范围较宽，增加了吸收的能量，然后能量从配体传递到稀土离子，使配合物能够发射出较强的稀土离子特征峰，这就是所谓的"天线效应"。如图 28.1 所示，有机配体通过"天线效应"把能量传递给稀土离子，从而使配合物发射出稀土离子的特征峰。从有机配体吸收能量到稀土离子发射特征峰的过程可分为四步：

（1）有机配体吸收能量（A），电子从 S_0 基态跃迁到 S_1 激发态；

（2）通过系间窜越（ISC），处于 S_1 激发态的电子跃迁到配体的激发三重态 T_1；同时，一部分电子直接从配体的激发单重态 S_1 跃迁到稀土离子的更高激发态；

（3）能量从配体的三重态 T_1 传递给稀土离子的较低激发态；另外，稀土离子更高激发态的电子通过内转换跃迁到较低激发态；

（4）稀土离子较低激发态电子通过辐射跃迁返回到相应的基态，从而形成特征发射的荧光。

导致稀土配合物发光的每一个阶段都平行地存在辐射跃迁和非辐射跃迁两种竞争，其中非辐射跃迁降低了能量转移，阻碍了荧光发射，所以应尽量减少非辐射跃迁。

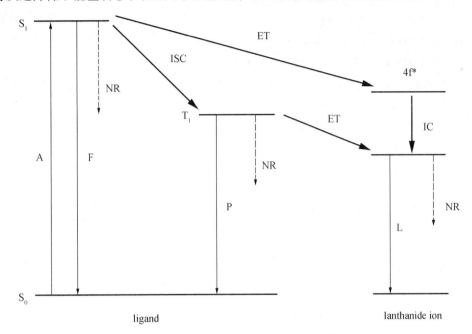

图 28.1　稀土配合物中能量的吸收、传递和发射过程示意图

A—吸收；F—荧光；P—磷光；L—稀土配合物发射的荧光；ISC—系间窜越；ET—能量传递；IC—内转换；
S—单重态；T—三重态；实线箭头代表辐射跃迁；虚线箭头代表非辐射跃迁

本实验选用稀土 Tb 配合物来进行荧光探针实验，探究其对有机小分子的识别能力。并自制薄膜器件，探究其对环己烷的响应时间。环己烷没有共轭的 π 电子，因此在 310 nm 的激发波长下没有光吸收，环己烷能使稀土 Tb 配合物的荧光显著增强的原因是环己烷上的 H 原子与配体上的 O 原子之间形成的氢键增大了配体的刚性，从而减少了阻碍荧光的非辐射跃迁，荧光强度增强。此稀土 Tb 配合物结构中最大的孔直径为 4.6 Å，而环己烷的动态直径为 6.2 Å，因此环己烷不可能进入到配位聚合物的孔道里，所以环己烷只能是在稀土 Tb 配合物框架的表面，通过氢键与框架相互作用。

三、实验仪器及试剂

1. 仪　器

（1）分析天平；

（2）F98-荧光光度计；

（3）小玻璃瓶（带外盖，8 mL），14 个；

（4）移液枪；

（5）玻璃片（长 2.5 cm，宽 1.35 cm）；

（6）玛瑙研钵。

2. 试 剂

（1）稀土 Tb 配合物晶体及纳米材料样品；

（2）乙腈（CH_3CN），AR 级；

（3）丙酮（CH_3COCH_3），AR 级；

（4）乙酰丙酮（$CH_3COCH_2COCH_3$），AR 级；

（5）正己烷[$CH_3(CH_2)_4CH_3$]，AR 级；

（6）环己烷（C_6H_{12}），AR 级；

（7）1,4-二氧六环（$C_4H_8O_2$），AR 级；

（8）苯（C_6H_6），AR 级；

（9）甲苯（C_7H_8），AR 级；

（10）对二甲苯（C_8H_{10}），AR 级；

（11）硝基苯（$C_6H_5NO_2$），AR 级；

（12）苯甲醛（C_6H_5CHO），AR 级；

（13）甲醛（HCHO），AR 级；

（14）乙醛（CH_3CHO），AR 级；

（15）丙醛（CH_3CH_2CHO），AR 级；

（16）N-甲基吡咯烷酮（C_5H_9NO），AR 级；

（17）N,N-二甲基甲酰胺（C_3H_7NO），AR 级；

（18）无水乙醇（C_2H_5OH），AR 级

（19）蒸馏水。

四、实验步骤

1. 晶体配合物对有机小分子的荧光探针实验

（1）分别准确称取 14 份 20 mg 的稀土 Tb 的晶体配合物，装入 14 个已编号的小玻璃瓶中。

（2）用移液枪分别移取 2 mL 的乙腈、丙酮、乙酰丙酮、正己烷、环己烷、1,4-二氧六环、苯、甲苯、对二甲苯、硝基苯、苯甲醛、甲醛、乙醛和丙醛对应加入上述小玻璃瓶中，拧紧瓶盖，放置 24 h。

（3）晶体配合物浸泡 24 h 后，滤出，并低温烘干。

（4）再准确称取 20 mg 稀土 Tb 晶体配合物，作为参照标准，用 F-98 荧光光度计测试上述 14 个浸泡溶剂后的样品的荧光强度的变化。

（5）设置荧光光度计的入射波长为 310 nm，扫描波长范围为 450 ~ 650 nm，测试样品的室温固体荧光。

（6）做好记录，保存数据，用 origin 软件对数据进行处理。

2. 纳米配合物对环己烷的响应时间实验

（1）将长 2.5 cm、宽 1.35 cm 的玻璃片用蒸馏水和乙醇洗涤干净后在空气中晾干，待用。

（2）将稀土 Tb 纳米配合物粉末与 N-甲基吡咯烷酮（NMP）以 100 mg∶1 mL 的比例混合，用玛瑙研钵充分研磨成粘稠状液体

（3）用浸渍提拉法向玻璃片上铺上一层均匀致密的纳米薄膜，晾干后用来作为荧光变化的检测器件。

（4）将自制薄膜器件固定在 F-98 荧光光度计上。

（5）设置荧光光度计的入射波长为 310 nm，扫描波长范围为 450～650 nm，测试自制纳米配合物薄膜器件的荧光。

（6）向薄膜器件上滴加一滴环己烷，然后间隔几分钟测试其荧光发射强度，直至荧光强度不再变化为止。

（7）做好记录，保存数据，用 origin 软件对数据进行处理。

五、结果分析

1. 稀土 Tb 晶体配合物对有机小分子的识别（见表 28.1 和图 28.2）

表 28.1 荧光探针实验测试记录表

参数\样品	入射波长	545 nm 处荧光发射强度	与未处理的 Tb 配合物荧光强度比较
稀土 Tb 配合物			
乙腈			
丙酮			
乙酰丙酮			
正己烷			
环己烷			
1,4-二氧六环			
苯			
甲苯			
对二甲苯			
硝基苯			
苯甲醛			
甲醛			
乙醛			
丙醛			

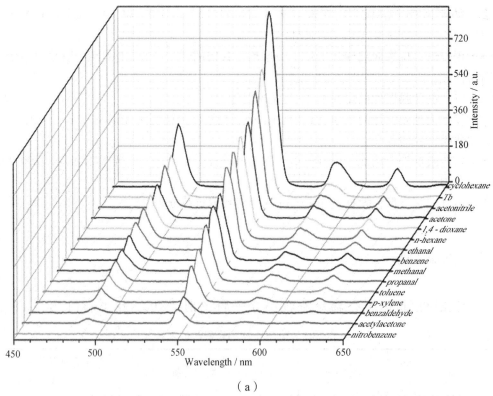

（a）

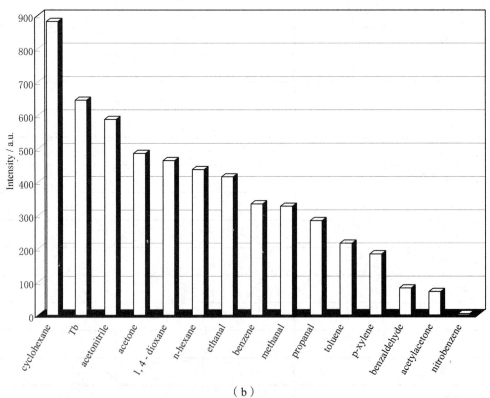

（b）

图 28.2　稀土 Tb 配合物对不同有机溶剂的荧光响应

2. 纳米配合物对环己烷的响应时间（见表 28.2 和图 28.3）

表 28.2 纳米配合物薄膜对环己烷的响应时间记录表

时间 ＼ 参数	入射波长	545 nm 处荧光发射强度	与未滴环己烷前的荧光强度比较
未滴环己烷前			
5 min			
8 min			
10 min			
15 min			
18 min			
20 min			
25 min			
30 min			
40 min			
50 min			
60 min			
70 min			
80 min			
90 min			

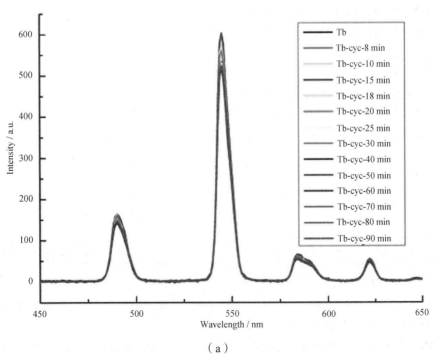

（a）

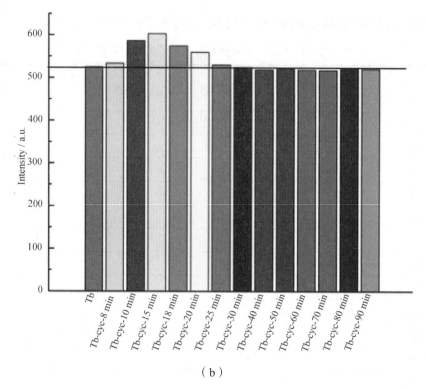

（b）

图 28.3　自制稀土 Tb 配合物薄膜对环己烷荧光响应的实时变化

3．注意事项

（1）本实验中用到的有机小分子都有一定的毒性，要做好防护措施。

（2）晶体样品浸泡有机溶剂后，收集过程一定要小心，尽量避免样品的损失。

（3）自制薄膜器件时，尽量使薄膜均匀的附着在玻璃片上。

4．思考题

（1）稀土 Tb 配合物为什么能够识别环己烷？

（2）自制薄膜器件测对试响应时间的实验有什么优点？

（3）在制作薄膜器件时为什么使用 N-甲基吡咯烷酮，其作用是什么？

六、参考文献

[1]　ALPH B, LEHN J M, MATHIS G. Energy Transfer Luminescence of Europium(III) and Terbium(III) Cryptates of Macrobicyclic Polypyridine Ligands,Angew[J]. Chem. Int. Ed., 1987, 26(3): 266-267.

[2]　CUI Y J, YUE Y F, QIAN G D, et al. Luminescent Functional Metal-Organic Frameworks[J]. Chem. Rev., 2012, 112(2): 1 126-1 162.

[3]　SAMMES P G, YAHIOGLU G. Modern bioassays using metal chelates as luminescent

probes [J]. Nat. Prod. Rep., 1996, 13(1): 1-28.

［4］ CHEN B,XIANG S, QIAN G. Metal-Organic Frameworks with Functional Pores for Recognition of Small Molecules [J]. Acc. Chem. Res., 2010, 43 (8): 1 115-1 124.

［5］ 侯银玲. 新型配位聚合物的合成及光、磁性能研究[D]. 天津：天津大学，2014.

［6］ HOU Y L, XU H, CHENG R R, et al. Controlled lanthanide-organic framework nanospheres as reversible and sensitive luminescent sensors for practical applications [J]. Chem. Commun. 2015, 51(31): 6 769-6 772.

实验二十九　VSM 法测量磁性材料的磁性质

【实验导读】

振动样品磁强计（Vibrating Sample Magnetometer）是一种常用于测量磁性材料的磁性质的仪器。利用振动样品磁强计可以测量磁性材料的磁化强度随温度变化曲线、磁滞回线和磁化曲线，还能测出磁性材料的一些磁性参数，如剩磁 M_r、矫顽力 H_c、以及饱和磁化强度 M_s 等。振动样品磁强计不仅功能多，其工作性能还非常的优异。振动样品磁强计是一个利用尺寸比较小的样品在磁场中做微小振动，进而使临近线圈感应出电动势而进行磁性参数测量的系统。其感应方法与一般的感应法是不同的，其不用对感应信号进行积分，进而避免了信号的漂移。除此之外振动样品磁强计的磁矩测量灵敏度非常高，最高可达到 10^{-7} emu，对测量薄膜以及一些弱磁信号的磁材料非常有优势。由于振动样品磁强计的功能强大且性能优异而被广泛应用于科研及生产中。

振动样品磁强计（Vibrating Sample Magnetometer）主要是由电磁铁、振动系统、检测系统、锁相放大系统、特斯拉计以及计算机系统组成，其中特斯拉计与锁相放大器分别用于检测磁场和检测微小信号。振动样品磁强计的结构图如图 29.1 所示。

电磁铁：主要用于提供均匀磁场，同时决定样品的磁化程度，也就是磁矩的大小。在测量磁性材料样品时，电磁铁可提供不同的外加均匀磁场。

振动系统：在驱动源的作用下能使置放于样品杆上的小样品在垂直方向上作固定频率的小幅度振动，使得样品周围空间形成振动磁偶极子，进而产生交变磁场，最后导致在检测线圈中产生感生电动势。

探测线圈：探测线圈指的是一对相对于小样品对称放置的完全相同线圈，并且这两个线圈相互反串，进而可以避免探测线圈的输出受到不稳定外磁场的影响。而对于从小样品磁偶极子磁场产生的感应电压，二者是叠加关系的。不过设计振动样品磁强计的检测线圈是非常重要，必须满足二线圈反串，这样才能使样品在振动时输出最大的感应讯号，才能让样品位置有稍微变化时，样品在探测线圈内感生的电动势不变，通常把该区域称为"鞍点"。由于在

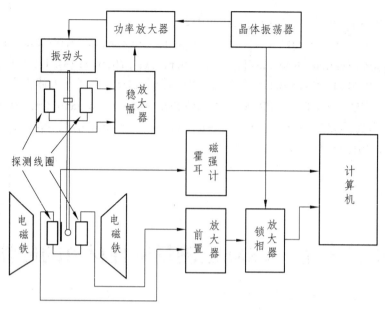

图 29.1　振动样品磁强计结构示意图

测量过程中需要更换样品，不过不能保证位置绝对不变，因此外线圈本身要有强大的抗干扰本领。当探测线圈轴线分别与 x、y、z 方向平行时，每种线圈只能探测 i、j、k 分量的磁通，并把这三种线圈分别称为 i 线圈、j 线圈、k 线圈，实验发现 k 线圈比较好，但 j 线圈灵敏度虽然低，但"鞍点"却较宽。

　　特斯拉计：特斯拉计是采用霍尔探头来测量磁场，如图 29.2 所示。

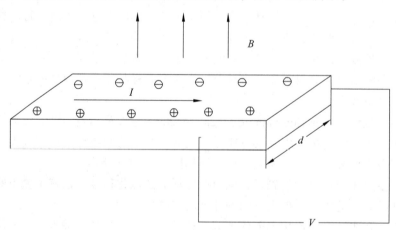

图 29.2　霍尔探头测量磁场示意图

　　霍尔片垂直磁场放置，流在其上的电流为 I，电子在磁场中因受洛伦兹力作用而发生偏转，进而使得在霍尔片上平行电流方向的两端产生积累电荷（见图 29.2），积累电荷所产生的电场对电荷的作用力恰好与洛伦兹力方向相反，当电场力与洛伦兹力达到平衡时，在霍尔片两端就能得到稳定的电压输出。最后通过测量霍尔片两端的电压而可以得到磁场的值。

$$qvB = qE = q\frac{V}{d}$$

$$B = \frac{V}{d \cdot v} = K \cdot V$$

式中，K 为霍尔常数。

一、实验目的

（1）熟悉振动样品磁强计（VSM）的结构、原理、功能；

（2）掌握利用 VSM 测量磁性材料磁性能的方法与技巧。

二、实验原理

装在振动杆上的样品位于磁极中央感应线圈中心连线处，位于外加均匀磁场中的小样品在外磁场中被均匀磁化，此时小样品可等效为一个磁偶极子。其磁化方向与原磁场方向平行，并将在其周围空间产生磁场。在驱动线圈的作用下，小样品围绕其平衡位置作频率为 ω 的简谐振动，进而产生一个振动偶极子。振动的偶极子产生的交变磁场导致了穿过探测线圈中产生交变的磁通量，从而产生感生电动势 ε，其大小正比于样品的总磁矩 μ，即

$$\varepsilon = K\mu$$

式中，K 为与线圈结构，振动频率，振幅和相对位置有关的比例系数。当它的线圈结构，振动频率，振幅和相对位置固定后，K 则为常数，可用标准样品标定。因此从感生电动势的大小得到样品的总磁矩，再除以样品的体积即可得到磁化强度。因此，记录下磁场和总磁矩的关系后，即可得到被测样品的磁化曲线和磁滞回线。

在感应线圈的范围内，小样品垂直磁场方向振动。根据法拉第电磁感应定律，通过线圈的总磁通为

$$\Phi = AH + BM \sin\omega t$$

式中，A 和 B 是与感应线圈有关的几何因子，M 是样品的磁化强度，ω 是振动频率，H 是电磁铁产生的直流磁场。线圈中产生的感应电动势为

$$E(t) = \frac{\mathrm{d}\Phi}{\mathrm{d}t} = KM \cos\omega t$$

式中，K 为常数，一般用已知磁化强度的标准样品定出。

但是只有在可以忽略样品的"退磁场"情况下，利用 VSM 测得的回线，才能代表材料的真实特征。否则，必须对磁场进行修正后所得到的回线形状才能表示材料的真实特征。所谓"退磁场"即是当样品被磁化后，其 M 将在样品两端产生"磁荷"，此"磁荷对"将产生与磁化场相反方向的磁场，从而减弱了外加磁化场 H 的磁化作用，因此被称为退磁场。可将退磁场 H_d 表示为 $H_d = -NM$，称 N 为"退磁因子"，取决样品的形状，一般来说非常复杂，

甚至其为张量形式，只有旋转椭球体，才能计算出三个方向的具体数值；磁性测量中，通常样品均制成旋转椭球体的几种退化形：薄膜形、细线形、圆球形，此时，这些样品的特定方向的 N 是定值，如细线形时，沿细线的轴线 $N = 0$，薄膜形时，沿膜面 $N = 0$，而球形时，则

$$N_x = N_y = N_z = \frac{1}{3}\left(\text{或cm、g、s制中为}\frac{4\pi}{3}\right)$$

磁滞回线如图 29.3 所示。

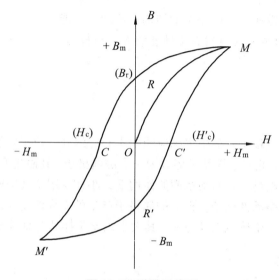

图 29.3　磁滞回线图

三、实验仪器与材料

1. 仪　器

VSM-100 型振动样品磁强计

2. 材　料

粉末、薄膜/薄带以及块体磁性材料。

四、实验步骤

1. 振动样品磁强计（VSM）的开机步骤

（1）打开循环水；
（2）打开控制柜的总电源开关；
（3）打开计算机；

（4）启动计算机桌面上的"IDEAVSM"软件；

（5）把软件的控制模式转换成"Current"模式；

（6）合上"Stand by"按钮。观察电磁铁电源上各指示灯的情况，如果没有异常则继续开机操作，如果有异常，则仪器公司联系查明原因；

（7）按"Ramp to"按钮，将磁场设置为0，大约等待30 s；

（8）按绿色按钮打开电磁铁电源开关，启动电磁铁电源；

（9）当电源在VSM软件的控制下工作时，磁场的控制模式要在"Field"模式下。

2．操作步骤

（1）预热：打开振动样品磁强计，把振动头设置为"On"状态，预热2 h以上；

（2）校准：预热之后按照次序和软件提示进行三个校准：Gaussmeter Offset，Moment Offset，Moment Gain；

（3）设置测试程序：点击"new experiment"→输入文件名→选择"Field"为参数→选择"Hmax→0→－Hmax→0→Hmax"，其中Hmax的值和磁场的步长要根据试样的实际情况来选择；

（4）把待测样品放入样品杯中，再装在样品杆上，将振动头设置为"On"状态，点击"Start"开始测量；

（5）读出结果：根据测试的磁滞回线，从软件的"Results"菜单中选出"Coercivity（H_{cj}）"的值即为内禀矫顽力H_{cj}值。在软件的"Sample Properties"样品信息中输入试样的质量值，并将坐标轴选择为"Moment/Mass"，从软件的"Results"菜单中选择"Magnetization（M_s）"值即为试样的比饱和磁化强度M_s值。

4．振动样品磁强计（VSM）的关机步骤

（1）点击"Head drive"按钮，使其处于"Head drive off"状态；

（2）把软件的控制模式转换成"Current"模式；

（3）按"Ramp"按钮，把磁场设置为0，保证关机时电磁铁电流为零；

（4）退出"IDEAVSM"软件，关闭计算机；

（5）关掉控制柜上的总电源开关；

（6）关掉电磁铁电源；

（7）关掉循环水。

五、数据分析

1．数据记录

（1）设计表格记录实验数据，并对实验数据进行相关的处理。

（2）要求测量材料的内禀矫顽力H_{cj}、剩磁M_r、比饱和磁化强度σ_s，并记录数据。

（3）绘制不同材料样品的退磁曲线。

2. 注意事项

（1）样品为粉末时：采用电子分析天平称取一定质量的干燥粉末样品，为防止污染样品杯，用非磁性塑料皮把粉末样品包裹后再放入样品杯中压实。粒径要小于或等于 0.5 mm；包好后的粉末样品尺寸最大不能超过室温粉末样品杯的尺寸；

（2）样品为薄膜/薄带时：样品尺寸不能超过室温薄膜样品杯尺寸，测试时磁场要沿着薄膜的平行方向；

（3）样品为块体时：取长直形状的试样，使试样的退磁场影响不到试样磁化到饱和，并且在测量矫顽力时不能让形状效应影响而产生明显误差。在测量时采用薄膜样品杯才能确保样品沿长尺寸方向磁化，且样品尺寸要小于或等于室温薄膜样品杯尺寸。

3. 思考题

（1）简述振动样品磁强计的特点及用途。
（2）简述铁磁性样品的反磁化过程。
（3）如何能准确地测出样品的磁化强度值？

六、参考文献

[1] 李原，李巍，丁大鹏. 无磁、弱磁材料磁性能的测量方法[J]. 科技创新与应用，2015，
（26）：162.

[2] 郇维亮，高峰，徐小龙. 新型振动样品磁强计测量材料磁性[J]. 实验技术与管理，2012，
29（2）：36-47.

[3] 许佳辉，邢冰冰，聂敏. 磁粉心磁性能 VSM 测量研究[J]. 磁性材料及器件，2013，44
（1）：52-55.

[4] 白琴，何建明，徐 晖，等. 振动样品磁强计在磁黏滞行为研究中的应用[J]. 实验室研
究与探索，2015，34（4）：5-12.

实验三十　光学非线性的测量

【实验导读】

随着信息技术的不断发展，应用光子作为载体的研究日益受到人们的重视，目前有非线性效应特征的光电材料已成为了人们研究和开发的热点。很多人都知道，光和物质相互作用会产生光的反射、散射、吸收和发光等现象，这些效应大多数与光的强度都没有关系，

只与入射光的波长有关。但如今的高强度的激光却打破了常规的光学现象，使光与物质之间相互作用出现了过去人们无法看到的许多光学现象，比如传输光频率、折射率及吸收系数都与入射光的强度有一定的关系，人们把这种与入射光强度有关的光学现象称为光学非线性效应。在光学非线性效应的基础上引出一系列新的光学现象产生，比如双光子吸收、光学展制、光学自聚焦、光学共轭、反饱和吸收、饱和吸收等现象。然而，具有上述性质的材料就是非线性光学材料，非线性光学材料在动态成像、光学通信和光子计算机等高新技术中都有广泛应用。

虽然物质的光学非线性是物质本身的基本物理属性，但是要精整地测量其相应的光学参数是有一定难度的，如测量其光致三阶非线性折射率，一般要用四波混频的实验装置来进行测量，不仅光路复杂实验麻烦，并且还不能同时测量多种参数。不过 XGX-1 型光学非线性测量仪能解决以上的麻烦。因其主要采用激光 Z 扫描技术，能同时考虑光限制测量技术、饱和光谱测量技术以及光模式传输测量等技术，经综合考虑设计而成。并且其采用单光束，使得其光路简单，测量灵敏度高，并能同时测量样品的非线性吸收系数、非线性折射率以及光学限制效应和光斑信息等。该仪器还采用光电倍增管、CCD、硅光电池等多种光信号测量探测器，可用连续激光、脉冲激光等作为光源，使其光电信号既可用仪器本身电箱测量，还可以外接锁相放大器和积分器等，实现计算机多档画面自动控制和测试。同时还配有多种附件，使其即能固体样品又能测试液体样品。

一、实验目的

（1）熟悉光学非线性测量仪的基本结构及工作原理；
（2）学会使用非线性测量仪测定物质的非线性光谱；
（3）掌握光学非线性测量的基本实验技术和认识非线性光谱的主要特点。

二、实验原理

1. 产生非线性的机理与系统工作原理

光与物质作用产生非线性的物理机制有：
（1）引起介质内部电子云分布产生畸变而引起极化强度的改变；
（2）光克尔效应引起分子的重新取向使折射率产生改变；
（3）带电质点发生位移引起介质内密度的起伏；
（4）光吸收产生升温引起折射率变化。

以上过程产生的非线性折射率的响应时间是不同的，在不同的条件下它们的贡献也不同，这主要取决于入射激光作用的时间。对 ns 量级脉冲，电子分布畸变、电致伸缩、光克尔效应都能起作用。热光效应只有在激光长时间照射时才能有明显作用。当入射的激光持续时间比较短，远小于某一物理机制的响应时间时，由这种物理机制而引起折射率发生变化的贡献非常小，是可以忽略不计的。

系统工作原理框图如图 30.1 所示：

图 30.1　系统工作原理图

试验光路经过光路变换后再用探测器进行接收，接收到的电信号通过放大器放大后进入 A/D 转换成所需的数字信号进入计算机处理模块进行进一步分析处理。

2. XGX-1 型光学非线性测量仪的基本结构（见图 30.2 和图 30.3）

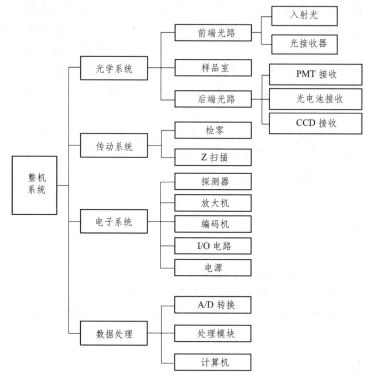

图 30.2　整机系统框图

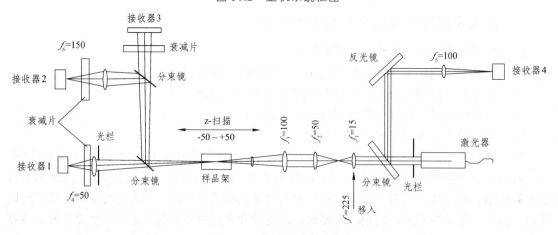

图 30.3　系统光路示意图

前端光路：由激光器发出的光柱在经过分束镜时被分成两光路：反射光路置空（如果选用的光源为脉冲光源，则反射光通过 $f_5 = 100$ mm 聚焦于接收器 4 上，此处接 BOXCAR 上）；透射光则经过 $f_1 = 15$ mm 的透镜聚焦，再通过 $f_2 = 50$ mm 的透镜放大成平行的光束后通过 $f_3 = 100$ mm 的聚光镜将光聚焦进入样品室。

样品室：依据 Sheik-BahaeM 的理论，由于焦点附近的光强较大，所以样品只有位于焦点附近位置才会有非线性光学性质。样品通过仪器底部的传动机构带动样品架做往返运动，进而实现 Z 扫描，扫描范围 ± 50 mm。在运动过程中，非线性光学性质将引起光束的汇聚或发散，从而引起透过闭孔接收器前小孔辐射量的变化。从前端光路进入的光束透过样品后穿过样品室进入后端光路。

后端光路：从样品室出来的光经过分束镜将光分为两束，透射光经过光阑小孔被接收器 1 接收，即光电倍增管接收，功率为 T_1；出射光再经过分束镜分束后，透射光被接收器 3 接收，即 CCD 接收器接收，反射光则通过 $f = 150$ mm 的透镜聚焦到硅光电池接收器 2 的接收面上，功率为 T_2；根据实验的实际需要可在接收器前放置衰减片。

三、实验仪器与材料

1. 实验仪器

XGX-1 型光学非线性测量仪

2. 实验材料

自制 ZnSe 光学非线性材料

四、实验步骤

1. 调试与作谱图

（1）光路的调节。

在测量前必须调节好光路，使各接收器能准确的接收到光信号。

（2）作谱图。

先将样品固定在样品架上，再调节激光器，使激光照射到样品上，并且在测试的过程中一定要保持激光器处于稳定状态。

2. 使用要点

（1）激光经过前端光路入射到样品上是非常重要的环节。为此一般可用肉眼观察，如果没有观察到激光入射在样品上，则可通过调整激光器的位置和光栏的位置来进行调整，直到入射激光能准确照射到样品上为此。

（2）要恰当地选择单色仪的狭缝宽度与可调光栏孔径的大小。

（3）光电倍增管的电源高压应选一个最佳值，使其增益最大且噪声最小。

3. 样品参数的测量

测量样品的开孔/闭孔-能量谱及开孔/闭孔归一化透过率谱

（1）完整记录开孔/闭孔-能量谱及开孔/闭孔归一化透过率谱；

（2）分别记录闭孔测量时孔径为 0.3 mm 和 3.0 mm 单色仪狭缝为 125 μm 和 50 μm 时的谱图。

五、数据记录与处理

1. 数据处理

将前面接收到的闭/开孔弱信号经电路处理后得到功率为 P_1 / P_2，若在透过率模式下，将各处的实际透过率除以焦点处的透过率就得到归一化透过率 T_1 / T_2 和位置 Z 的关系曲线。单位长度样品的非线性折射率系数和非线性吸收系数可以由以下两式计算得到

$$\gamma = \frac{\Delta\phi\lambda}{2\pi I_0 L_{eff}}$$

$$\beta = \frac{\psi}{I_0 L_{eff}} \tag{30.1}$$

式中，$L_{eff} = \dfrac{1-\exp(-\alpha_0 L)}{\alpha_0}$ 为样品的有效厚度，α_0 为线性吸收系数，I_0 为焦点处的光强，λ 为入射波长，$\Delta\phi$ 为光轴上的相移，ψ 为设想的非线性吸收的相位。

对于其光束衍射长度 $Z = L_{eff} = \dfrac{\pi\omega_0^2}{\lambda} > L$，$L$ 为样品的厚度，ω_0 为焦点处激光的束腰半径，样品则可以作为近似薄透镜，光轴上的相移有下式算出

$$|\Delta\phi| = \frac{\Delta T_{P-V}}{f} \tag{30.2}$$

式中，$|\Delta\phi| \leqslant \pi$，$\Delta T_{P-V}$ 为归一化透过率峰-谷值差，$\Lambda T_{P-V} = T_p - T_v$，$f = 0.406 \times (1-S)^{0.25}$，$S$ 为光孔的线性透过率

$$S = \frac{P_a}{P_0} = 1 - \exp\left(-\frac{-2r_a^2}{\omega_a^2}\right)$$

式中，P_a 为通过孔的功率，P_0 为入射功率，r_a 为小孔的半径，ω_0 为小孔处的光束半径。

由式（30.1）可以看出，Ψ 有类似 $|\Delta\phi|$ 的形式，因而 Ψ 可以由式（30.2）计算得到。开孔情形下

$$n = n_0 + \gamma \cdot I$$

$$\Delta n = \frac{\Delta T_{p-v}}{f \cdot k \cdot L_{eff}}$$

式中，$k = \dfrac{2\pi}{\lambda}$。

对于具有非线性吸收的材料，样品的吸收系数可以表示成：

$$\alpha = \alpha_0 + \beta \cdot I$$

通过上层软件可以将得到的数据进行后期分析和处理。

基本理论模拟：

闭孔扫描：

$$T(Z) = \frac{4\Delta\phi(Z/Z_0)}{[1 + (Z/Z_0)^2][9 + (Z/Z_0)^2]}$$

开孔扫描：

$$T(Z) = 1 - \frac{q_0}{2\sqrt{2}[1 + (Z/Z_0)^2]}$$

根据实验的实际情况，设计好实验数据记录方法，并准确的对实验数据进行处理。

2. 注意事项

确保仪器规定的使用环境下运行：

（1）环境温度范围要在 20±5 ℃ 内；

（2）环境湿度必须小于 65%；

（3）环境的周围不得有强振动源和强电磁场干扰；

（4）实验室内必须保持清洁、无腐蚀性气体或液体；

（5）仪器不能受阳光的长时间照射；

（6）必须保证仪器与大地接触良好才能运行使用；

（7）在使用过程中，不能擅自对仪器加以调整更不可拆卸其中的零件，仪器的光学镜面不能随意擦拭，以免镜面被刮花。

3. 思考题

（1）怎样选择单色仪的狭缝宽度与可调光栏孔径的大小，为什么？

（2）怎样确保激光能够经过前端光路入射到样品上？

六、参考文献

[1] 李中国，宋瑛林. 三阶非线性光学测量技术研究进展[J]. 黑龙江大学自然科学学报，2016，33（1）：75-81.

[2] 石圣涛，杨俊义，陆洵，等. 双臂相位 Z 扫描测量稀溶液中溶质光学非线性[J]. 光学学报，2015，35（3）：1-7.

[3]　安辛友，吴卫东，任维义，等. Z 扫描技术及其在非线性光学材料科学中的应用与进展[J]. 西华师范大学学报，2010，31（4）：429-434.

实验三十一　固体比表面积的测试

【实验导读】

比表面积是指单位质量固体所具有的外表面积之和，其国际标准单位为 m^2/g。目前，人们已制备出很多具有大比表面积的材料，这些材料由于拥有比较大的比表面积而表现出优异的物理化学性能，进而被广泛应用于化工催化、吸附净化、储气设备以及电子电器等各个领域。当材料的颗粒粒径或孔径尺寸特别小时，比表面积的大小对其性能的影响特别明显，进而比表面积成了衡量小尺寸材料性能的重要参数。同时，为了更好地利用这些高比表面积材料就必须能准确测量其比表面积的大小。如今世界各国对材料比表面积的测量都统一用 BET 法，同时还以 BET 法为基础制定比表面积的测定标准，如我国的国家标准（GB/T 19587—2004）《气体吸附 BET 法测定固态物质比表面积》。材料比表面积的大小在各行各业的应用中都是必须测定的，如纳米材料、催化剂以及电池材料等等。

然而，随着科学技术水平的不断提高，人们已制造出专用于测定固体材料比表面积的比表面分析仪，目前该类仪器在科研单位、高校以及生产企业都有着广泛的应用。不过该类仪器的自动化水平对测定材料比表面积的工作量与精确度有很大的影响，仪器的自动化水平高，则测定材料比表面积时的工作量就少，精确度也相对较高。在测定样品比表面积时，由于不同的样品有着不同的吸附能力，有的样品测试时需要很长的吸附时间，若测试仪器没有完全实现自动化，测试就必须长时间值守仪器并对其进行观察与操作。这样不仅浪费测试人员的时间，还有可能因操作不当而导致测得结果有较大的误差或是测试失败。所以使用符合国际标准的全自动化的比表面积测试仪可以高效、准确的测试固体的比表面积。

ASAP2010 型比表面和孔径分布测定仪由分析系统、微机控制系统和界面控制器组成。分析系统有两个样品处理口和一个分析口，有冷阱及饱和蒸气压测定管（P_0 管），分析用液氮瓶安放在升降架上，系统自动控制。分析系统还包括一个控制面板，控制脱气系统的抽空、加热处理。此外，有一可滑动的防护罩起保护作用。仪器还有两个加热套，用于对样品进行预处理。这些部件中 P_0 管与样品管有塑料管套保护。控制面板主要用于控制脱气系统的抽空、加热处理。系统具体结构如图 31.1 所示。

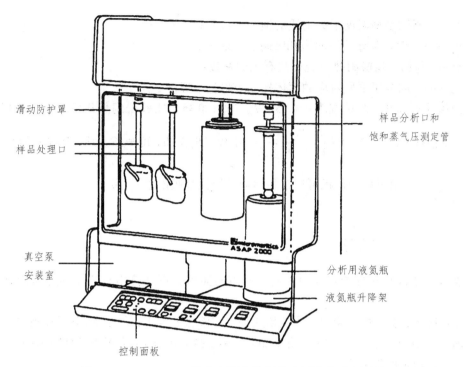

图 31.1 ASAP2010 型比表面和孔径分布测定仪分析系统

一、实验目的

（1）了解 ASAP2010 型比表面和孔径分布测定仪的仪器构造；

（2）了解 BET 法测定固体比表面积的原理；

（3）掌握 ASAP2010 型比表面和孔径分布测定仪的工作原理；

（4）掌握利用 ASAP2010 型比表面和孔径分布测定仪测量固体比表面积的操作方法。

二、实验原理

BET 吸附理论的基本假设是：在物理吸附中，吸附质与吸附剂之间的作用力与吸附分子之间的作用力都是范德华力。因此当气相中的吸附质分子被吸附在固体材料表面上后，它们还可能从气相中继续吸附同类分子。进而形成多层吸附，不过同一层吸附分子之间无相互作用。吸附平衡指的是吸附速率和解吸附速率相等，达到了动态平衡。第二层及其以后各层分子的吸附热等于气体的液化热，根据这个假设，推导得到 BET 方程式如下：

$$\frac{P_{N_2}/P_S}{V_d(1-P_{N_2}/P_S)} = \frac{1}{V_mC} + \frac{C-1}{V_mC}\cdot\frac{P_{N_2}}{P_S} \qquad (31.1)$$

式中　P_{N_2}——混合气中氮的分压；

P_S——吸附平衡温度下吸附质的饱和蒸汽压；

V_m——铺满一单分子层的饱和吸附量（标准态）；

C——与第一层吸附热及凝聚热有关的常数；

V_d——不同分压下所对应的固体样品吸附量（标准状态下）。

选择相对压力 P_{N_2}/P_S 范围为：$0.05 \leqslant P_{N_2}/P_S \leqslant 0.35$。实验得到与各相对 P_{N_2}/P_S 相应的吸附量 V_d 后，根据 BET 公式，将 $\dfrac{P_{N_2}/P_S}{V_d(1-P_{N_2}/P_S)}$ 对 P_{N_2}/P_S 作图，得一条直线，其斜率为 $b=\dfrac{C-1}{V_m C}$，截距为 $a=\dfrac{1}{V_m C}$，由斜率和截距可以求得单分子层饱和吸附量 V_m 为

$$V_m = \frac{1}{a+b} \tag{31.2}$$

根据每一个被吸附分子在吸附表面上所占的面积，可计算出每克固体样品所具有的表面积。

通常情况下，实验中是用氮气作为吸附质，在液氮温度下，每个 N_2 分子在吸附剂表面所占有的面积为 $16.2\ A^2$，而在 273 K 及 1 atm（101.325×10^3 Pa）下每毫升被吸附的 N_2 若铺成单分子层时，所占的面积为

$$\Sigma = \frac{6.023 \times 10^{23} \times 16.2 \times 10^{-20}}{22.4 \times 10^3} = 4.36\ \text{m}^2/\text{mL} \tag{31.3}$$

因此，固体的比表面积可表示为：

$$S_0 = 4.36 \frac{V_m}{W}\ (\text{m}^2/\text{g}) \tag{31.4}$$

式中，W 为所测固体的质量。

本实验采用氦气作载气，因此只能测量对 He 不产生吸附的样品。在液氮温度下 He 与 N_2 的混合气连续流动通过固体样品，固体吸附剂对 N_2 产生物理吸附。

BET 多分子层吸附理论的基本假设，使 BET 公式只适用于相对压力为 $0.05 \leqslant P_{N_2}/P_S \leqslant 0.35$ 的条件。因为在低压的条件下，固体的不均匀性比较突出，各个部分的吸附热也不相同，无法建立多层物理吸附模型。在高压条件下，吸附分子之间有作用力，对脱附有影响。多孔性吸附剂还可能有毛细管作用，使吸附质气体分子在毛细管内凝结，不符合多层物理吸附模型。

三、实验仪器与材料

1. 仪　器

ASAP2010 型比表面和孔径分布测定仪。

2. 材　料

固体纳米材料或多孔固体材料。

四、实验步骤

1. 开　机

（1）检查系统密封性；

（2）打开氮气和氦气，并把表头气压设定为 0.2 MPa，打开进气阀；

（3）在冷阱位置安装装有适量液氮的杜瓦瓶；

（4）打开界面控制器，打开主机，启动真空泵。在计算机桌面上打开 ASAP2010 应用。等待 2-3 分钟时间，然后系统弹出操作界面，并显示温度和压力传感器的读数。

2. 预处理空样品管

（1）用密封塞把样品管密封好再垂直装在处理口，如果待测的样品的比表面较小，可在管中加一根填充棒，以免测试误差大；

（2）用加热套套在样品管上并夹好；

（3）空管处理，先打开"Fast"键，再打开"Left"键，对样品管进行抽空；

（4）用"Set °C"键设定空管的处理温度为 120 °C，打开"Enable"键（Heating 灯亮）开始加热；

（5）对空管处理 0.5 ~ 1 h 后关闭"Enable"键，且将"Set °C"降到室温以下；

（6）等样品管温度降到室温后关闭"Fast"键和"Left"键，如果右侧也在处理样品，"Right"键也要关闭。打开"Backfill Gas"键，再打开"Left"键，回充 He 气使样品管的气压变为常压；

（7）等 ATM 灯亮时样品管充气完成，关闭"Left"键和"Backfill Gas"键；

（8）取下处理好的空样品管并在处理口装上玻璃管封口塞，再放到天平上准确称重其质量。

3. 样品预处理

（1）称量 100 mg 以上的待测样品（可多取 20 ~ 50 mg）；

（2）对样品进行脱水处理后装到样品管中。装样时尽量不要让样品粘附在样品管上端；

（3）把装好样品的样品管垂直装在样品处理口，装上加热套和夹子；

（4）根据样品性质用"Set μmHg"的加减键调整 Degas 系统的 Vacuum 参数到所需值。（该数值是由慢抽空到快抽空的转换值。一般样品经过成形处理，可调到 500 μmHg；粉末状样品调到 200 ~ 300 μmHg 为宜）；

（5）在注意 Right 的状态打开"Slow"键，再打开"Left"键进行抽空；

（6）用"Set °C"键设定样品所需处理温度，打开"Enable"键开始加热（Heating 灯亮）。先在 90 °C 脱水处理 1 h，再升温至 300 ~ 350 °C 左右处理 1 ~ 4 h；

（7）样品在 Slow 状态及所需处理温度下处理过程中，当 Gauge 显示值小于设定值时，打开"Fast"键并关闭"Slow"键；

（8）当 Gauge 显示应小于 20 μmHg 时，表示到达预了处理所需时间后，然后关闭"Enable"键，让样品自然冷却到室温，取下加热套和夹子；

（9）关闭"Left"键和"Fast"键，再打开"Left"键和"Backfill Gas"键，回充 He 气让样品管的气压降至常压，此时"＞ATM"灯亮；

（10）关闭"Backfill Gas"键和"Left"键，在处理口装好玻璃封口塞后取下样品管，准确称量样品管与样品的总重量，计算样品净重。

4. 分析样品

（1）把预处理好的样品和样品管套上保温套，再垂直安装在分析系统口，盖好泡沫保温盖，并让其紧贴 P_0 管。

（2）将液氮装入液氮杜瓦瓶中（液氮液面不超过棒中小孔），再将液氮瓶放置到液氮瓶升降架上，并让瓶口与样品管垂直正对，拉下安全防护罩。

（3）打开 ASAP2010 应用，在主菜单中打开"File"，选择"Open"，再选择"Sample information"，此时出现"Open Sample Information File"对话框。

（4）在"Directories"中双击"[..]"，选择文件存贮路径。此时"File Name"栏，出现仪器系统为所测样品自动顺序编号，如"000-002.smp"（可自己再按需更改），然后选择"OK"，"Yes"，进入下一对话框。

（5）在"Sample Information"中填写：样品的性质、操作者姓名及送样者姓名，样品的准确重量。选择数据采集方式为"Automatically Collected"。

（6）在"Analysis Conditions"中：打开"Replace"，在已有的样品分析文件中选择一个与待测样品所需条件一致或相近的文件，点击"OK"。

（7）打开"Free Space"，选择"Measure"。

（8）打开"Pressure"，为选定的分析条件中待测定压力点，也可根据样品情况通过"Insert"或"Delete"进行编辑。"Low Pressure"无需改动。

（9）打开"P_0 and T"，选择测定或输入"P_0"和"T"，选择"OK"。

（10）打开"Backfill"，选择"Helium"为回充气体，选择"OK"。

（11）在"Adsorptive Properties"中，打开"Replace"，选择"Nitrogen@77.35K"为吸附质（此项是固定不变的）。

（12）在"Report Options"中，打开"Replace"，选择所需报告类型："BJH Adsorption Report Options、BJH Desorption Report Options、Full Report Set、Surface Area Report Options、t-Plot Report Options"，选好后点击"OK"（各类报告又包括许多种数据表格和关系曲线，可通过"Edit"进行编辑选择）。

（13）选择"Save"，点"Close"关闭。

（14）在主菜单中打开"Analysis"，找出已设定好分析条件的样品文件，点击"OK"，仪器开始自动进行分析。

（15）当仪器状态为"Idle"时，表示分析完全结束后，取下样品管，同时在分析口装上玻璃封口塞，最后回收样品。

5. 关　机

（1）确认分析系统和样品处理系统均处于空置状态后，关闭 1 号、2 号真空阀（方法：双击选中的阀门或者选中阀门后，按空格键）；打开 4 号阀，待 Pressure 至 50 mmHg 左右时，打开 5 号阀（方法：左击选中阀门后，按空格键），再关闭 4 号阀；

（2）选中 5 号阀，注意 Pressure 指示达 760 mmHg 时，马上按空格键关闭 5 号阀（注意：压力指示不能超过 1 000 mmHg）。

五、数据记录与分析

1. 报告分析

（1）分析过程中，计算机显示系统示意图，有圆形或方形图标通过不同颜色和面积显示过程进行情况。在左下方可打开 Report，随时查看进行中的分析所得结果，如需要还可对某些分析条件进行修改。

（2）ASAP2010 系统软件可进行不同样品的谱图叠加对比，或同一样品不同谱图的叠加对比，使对所得数据的分析和研究更为方便。

（3）在主菜单中打开"Report"，选择"Start Report"。进入对话框后，找出所需报告，选择"Screen"方式，选择"OK"。此时所需告显示在屏幕上，可随时进行分析。页面下方有"Print"命令，也可通过选择此命令打印出整份报告。

2. 注意事项

（1）操作过程中必须使用无破损的橡胶手套，防止低温对身体部位的伤害；无操作时拉下棕色防护罩，保护样品管，防止意外事件发生。

（2）测试过程中电源、液氮、气体一定不能中断，以免造成数据失真或者数据丢失；向样品管里加样品时一定要注意，必须把样品加到样品管的底部，以免导致测量结果产生误差；安装样品管时，必须保证垂直安装，且要拧紧螺丝密封好，以免返气时造成样品管脱落。

（3）在分析过程中，样品温度理想的情况是能准确测定并保持恒定（恒温）。如果液氮纯度足够高，大气压力已知的话，可从手册中找到其冷浴温度。否则必须测定温度。

3. 思考题

（1）简要说说本实验的主要误差来源，如何有效的减小误差？

（2）在该实验的实验过程中，为什么 P_{N_2}/P_S 一定要控制在 0.05～0.35 的范围内？

（3）怎样确定 P_0 值？

六、参考文献

[1]　中华人民共和国国家质量监督检验检疫总局. GB/T 19587—2004 气体吸附 BET 法测

定固态物质比表面积[S]. 2004.

[2] 王敏. 气体吸附法测定低比表面积氧化铝粉体的比表面积[J]. 理化检验（物理分册），2015，51（2）：120-122.

[3] 谭立新，梁泰然，蔡一湘，等. 气体吸附法测定粉体比表面积影响因素的研究[J]. 材料研究与应用，2014，8（2）：137-140.

[4] 刘丽萍. 多点 BET 法计算比表面积的相对压力取值范围[J]. 中国粉体技术，2014，20（4）：68-73.

实验三十二　　PTCR 阻温特性测试

【实验导读】

PTCR 是英文 Positive Temperature Coefficient Resistance 的缩写，意思是正的电阻温度系数，也常用来泛指具有正温度系数的现象和材料。PTC 热敏电阻其常温电阻率在 $10^{-2} \sim 10^4 \, \Omega \cdot cm$ 之间，当测试温度超过其居里温度时，在几十度温度范围内，其电阻率可以增大 $4 \sim 10$ 个数量级，即产生所谓的 PTC 效应。PTCR 元件的实用化基本从 20 世纪 60 年代开始，利用其基本的电阻-温度特性，电压-电流特性与电流-时间特性，各种不同用途的 PTCR 元件广泛应用于工业电子设备如计算机和测量仪器，民用电子设备如家用电器和汽车零部件中，以达到传感器、温度补偿、过流保护、定温加热、暖风、自动消磁、马达启动延时等作用。

PTCR 电阻-温度特性简称为阻温特性，指在规定的电压下，PTC 热敏电阻器的零功率电阻值与电阻体温度之间的关系。零功率电阻值，是在某一规定的温度下测量 PTC 热敏电阻的电阻值，测量时应保证该电阻的功耗低到因其本身的功耗引起的电阻值的变化可以忽略的程度。

PTCR 在常温下阻值不高，最低甚至可以小 1 Ω；但是随着温度的升高，达到居里温度点时，其阻值将骤增，当温度达到居里温区上限时，PTCR 阻值将达到极值，一般为 $10^{7 \sim 8}$ 数量级。PTCR 阻温特性测试是在人为模拟的温度变化的环境下进行，它以温度为自变量，对 PTCR 阻值进行测试，从而获得阻温对应关系。为了获得准确的电阻与温度的关系，必须要求测试系统能够对温度进行高精度的测量和控制。

PTC 热敏电阻的电阻-温度特性即阻温特性是 PTC 最重要的特性。从阻温特性曲线中可以直接得到或推导出许多重要的参数，例如，最小电阻 R_{min}、开关电阻 R_{TC}、开关温度 T_C、升阻比 U、温度系数 T 等。因此，PTC 阻温特性是 PTC 配方和工艺调整的直接依据，也是研制新产品的重要依据。测量 PTC 元件的阻温特性一般采用人工描点法。即把 PTC 放在一个手动调压的加热炉中，逐步升高温度，待某一温度平衡后，测量 PTC 的电阻值，并记下相应的温度，直至测完一组阻温值。然后将该组阻温值逐点描绘在单对数坐标纸上。这种方法精度差、误差大、效率低、劳动强度大。ZWX-B 智能接口型 PTCR 阻温特性自动测试系统，用计算机系统自动完成阻温测试的全部控制、采集等过程。采用与 IBM-PC 兼容的 486 以上微机高分辨率彩显，配以数据采集插卡和外围测控电路，以电阻升温炉作为测量环境，实现 PTCR R-T 特性的自动化测试。本实验适用于实验室、企业单位等从事 PTCR 的科研、开发及生产的相关测试工作。

一、实验目的

（1）了解 PTC 热敏电阻材料的电阻-温度特性及相关特性参数；
（2）了解 ZWX-B 智能接口型 PTCR 阻温特性自动测试系统的基本测试原理；
（3）掌握 ZWX-B 智能接口型 PTCR 阻温特性自动测试系统的操作方法。

二、实验原理

图 32.1 是系统的总体框图。整个系统由计算机主机、RS232 接口、过程控制接口卡、触发器、固态继电器（SSR）、通道转换开关、电炉及样品测试夹具等组成。

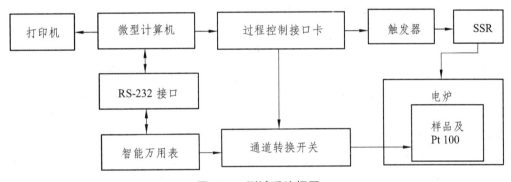

图 32.1　测试系统框图

过程控制接口卡主要由一片 8253 定时器芯片及相应的晶振电路组成，它可以定时发出脉冲信号使触发器工作，从而驱动 SSR 使电炉加热，同时接收主机来的通道信号，通过 8255A 经 74LS138 译码驱动通道转换开关，继而选通样品通道。智能万用表通过 RS232 接口接收来自主机的采样信号，对温度和阻值进行采样，将结果又通过 RS232 接口传给主机。整个过程由程序自动完成。

三、实验仪器与材料

1. 仪　器

ZWX-B 智能接口型 PTCR 阻温特性自动测试系统。

2. 材　料

自制热敏电阻陶瓷材料。

四、实验步骤

（1）检查系统联线；

（2）作好测试准备工作，做好操作记录，以便随时查对；

（3）用万用表测试样品的阻值；将样品装在夹具上，样品编号如图32.2所示；

（4）插上电源插头；

（5）打开万用表开关，接通控制箱电源；

（6）打开计算机电源开关，双击"PtcrRT"图标即可进入开始画面，输入正确的用户名和密码后，进入主菜单图，然后按程序操作说明提示进行；

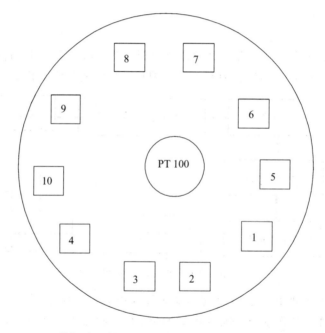

图 32.2　DB37 芯插头至样品的连线示意图（PC 并口型，ZWX-B 型）

五、数据记录与分析

1. 数据记录

（1）万用表、温控表及通道设置。

应将万用表参数设置为：波特率"2 400"，奇偶校验"no"，ECHO"on"，数据位"7"，停止位"1"。

（2）通道电阻设置。

在万用表及温控表参数设置正常后，选择"通道电阻"，然后出现通道校零文件对话框，通道校零文件名为"zerorang.res"，该文件一般在"d:\PTCR\release"子目录下。

打开正确的通道校零文件后，出现通道电阻对话框。

在通道电阻对话框中可选择测量通道，如图 32.3 所示。修改样品名称，缺省值为 PTC01、PTC02、……、PTC30，用户可以修改。

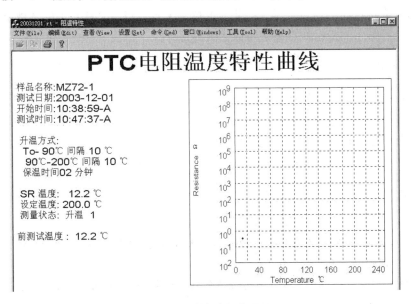

图 32.3　测量通道电阻对话框

（3）测试完电阻和温度，确认正确后，按"确定"，接着按"Y"键后出现进入控温方式设置画面。按"Y"键后，开始测试。测试画面如图 32.4 所示。

PTC电阻温度特性曲线

样品名称:MZ72-1
测试日期:2003-12-01
开始时间:10:38:59-A
测试时间:10:47:37-A

升温方式:
To- 90℃ 间隔 10 ℃
90℃-200℃ 间隔 10 ℃
保温时间02 分钟

SR 温度: 12.2 ℃
设定温度: 200.0 ℃
测量状态: 升温 1

前测试温度: 12.2 ℃

图 32.4　测试过程中画面

（4）测量完毕后计算机屏幕自动显示 PTC 曲线及相关特性参数，如图 32.5 所示。同时，测试人员可根据需要通过页面上方窗口、工具等按钮进行相关的数据采集。

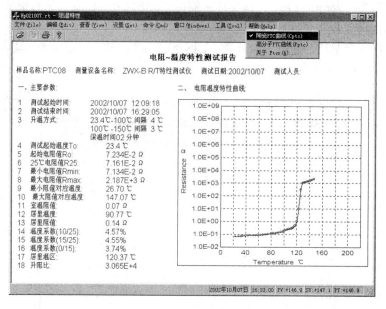

图 32.5　陶瓷 PTC 曲线

2. 注意事项

（1）一般情况下无须更改万用表参数，注意当万用表通讯参数被修改后，应将万用表参数恢复为：波特率"2400"，奇偶校验"no"，ECHO"on"，数据位"7"，停止位"1"。

（2）注意正确选择曲线纵坐标电阻表示形式：电阻坐标对数形式，指数形式，科学记数。

（3）如需重新对通道通道校零，应使通道校零无效，将每个通道上的热敏电阻去掉，使夹具短路，然后顺序测量，按存盘键将原始数据保存。

3. 思考题

（1）测量中怎样消除原始导线电阻的影响？

（2）某一通道接触电阻大，试分析其产生的原因。

（3）系统的超温保护功能是如何实现的？

六、参考文献

[1] 邵磊. 基于单片机控制的 PTCR 阻温特性测试系统的设计与实现[D]. 武汉：华中科技大学，2008.

[2] 黎步银，梁拥军，苏乐雨. Windows XP 下基于并行口的 PTCR 特性测试仪[J]. 仪表技术，2007（07）：3-4，12.

[3] 陈小霞. 多工位 PTCR 参数测试仪的设计与实现[D]. 武汉：华中科技大学，2007.

[4] 李银祥，赵狱松，姚慧广，等. PTC 阻温特性测试仪的研制[J]. 武汉理工大学学报，2001（07）：25-27.

[5] 黎步银，吕文中，黄正伟，等. 热敏电阻阻温特性曲线测试系统的研制[J]. 压电与声光，2000（06）：386-388.